なぜ駅弁がスーパーで売れるのか?

挑戦する郷土の味

長浜淳之介
Nagahama Junnosuke

交通新聞社新書 157

はじめに

新型コロナウイルスの感染拡大は人々の消費行動を変えた。三密（密集・密接・密閉）が重なる場所を避ける行動として外出自粛を余儀なくされ、売れ筋商品も劇的に変わった。「駅弁」も新型コロナにより大きな打撃を受けた商品の一つだ。緊急事態宣言下で、旅行需要、鉄道需要が激減。駅を利用する人が減れば、駅の駅弁は売れなくなる。ある人気駅弁屋では、1日の売り上げが最低3000円にまで落ち込んだ。

しかし、駅弁は駅以外でも売られている。皆さんはスーパーの売り場の一角に置かれて山積みになった駅弁に、馴染みを覚えないだろうか。スーパーでは「家で旅の気分」を勧めるキャッチコピーが掲げられている。あるいは駅弁といえば、百貨店の催事「駅弁大会」で売られる駅弁をイメージする人も多いだろう。

新型コロナの影響で危機的状況に陥ってしまったのは確かではあるが、駅弁が駅で売れなくなったこと自体は、今に始まったことではない。かつて「駅の駅弁」だった駅弁は、すでに駅を飛び出して販路を模索し、挑戦を続けている。

駅から出ていく駅弁たち

京王百貨店で毎年開催される駅弁大会で人気ナンバーワンの、北海道・森駅の駅弁「いかめし」は、今はもう森駅で売っていない。かつては売り子が駅のホームに立って、列車の乗客に窓越しで販売していたが、列車の高速化により停車時間が短くなり、窓も開かなくなり、だんだんと販売できなくなった。モータリゼーションと過疎化が進んで鉄道利用者も減少。森駅では２０１８年についに、「いかめし」を置いていたキヨスクも閉店してしまった。駅の改札を出て目の前の店舗で購入できるが、駅の中の売り場は失われたのだ。

廃線によって駅弁が販売できなくなった例もある。北海道・興部《おこっぺ》駅の駅弁「帆立しめじ弁当」は、１９８９（平成元）年に名寄《なよろ》本線が廃止となり、駅がなくなると共に駅弁としての役目を終えている。催事で時折復活するが、地元でも６年以上「帆立しめじ弁当」の消息を聞かないという。常時販売する駅はない。

群馬県・横川駅の「峠の釜めし」は、各地の駅弁大会で常に上位人気に入る有名駅弁だが、沿線でも利用客が最小の横川駅で売れる数はほんのわずかだ。駅のすぐ近くにある広い駐車場を備えた直営のロードサイド店ではるかに多くの駅弁を販売している。

失われていく「ふるさと」の光景

国鉄は1987（昭和62）年に分割民営化されて、採算を厳しく問われるようになった。これによってサービスは向上したが、負の側面として不採算路線の廃線や減便、不採算駅の人員削減や無人化、売店の閉店が相次いだ。利用客が多い大都市、県庁所在地クラスの主要駅間をいかに速達輸送するかが優先され、結果として、それ以外の駅の駅弁は駅で売れない状況にどんどんと追い込まれてきた。

最近は食堂車の廃止にとどまらず、車内販売も縮小される傾向がある。列車の高速化により、車内で駅弁を食べる時間の余裕があまりないという面もある。「必要なら乗車駅の売店で駅弁を購入すれば十分ではないか」と思う人も増えたのだろう、車内での物販の採算が取れなくなってきた。

列車が高速化され、ローカル線の減便・廃線が進むのは、「選択と集中」の原理には則っているが、大都市・拠点都市への人口集中と地方の過疎化を加速させていく。ローカルな鉄道が衰退しても、運転免許を持たない学生などは鉄道を利用するだろうが、駅弁の値段は学生が日常的に買うにはちょっと高い。

一方で、地方では車は日常の足となっていったが、車で移動する人の利便性を追求した結果、日本中のロードサイドの風景が均一化されてきた。駅と共に育ってきた駅前の商店街はだんだんと賑わいを失い、全国津々浦々の幹線・生活道路沿いには、東京のミニチュア版のようなコンビニ、外食、衣料、家電、生活用品チェーン店などが連なる商業地区や、ショッピングセンターができた。こうしてモータリゼーションが進むにつれて、人々の「ふるさとへの喪失感」はどんどんと募っていった。

全国的に車を使った便利な生活が進んだ反面で、学校を卒業して就職や婚姻で都会に出てきた人たちがふるさとに帰っても、どこか満たされない想いを抱くようになった。

駅弁大会が成功し、メインの売り場が催事になる

そうした「ふるさとへの喪失感」をエンジンにして成長を遂げたのが、京王百貨店をはじめとする百貨店が主催する駅弁大会だ。

第1回の京王百貨店駅弁大会が開催されるのは1966（昭和41）年だが、本格的に発展するのは、秀逸な企画を連発する90年代後半になってからになる。話題性の高さから、

マスコミの注目度も格段にアップした。全国から駅弁が集結する京王百貨店駅弁大会は、ふるさと代表が味を競い、日本人の郷愁や郷土愛を喚起する「駅弁の甲子園」とも言うべき一大イベントへと発展していった。

その盛り上がりから、全国の百貨店でも駅弁大会や駅弁が重要な商材に位置付けられ、地域の物産展も盛んに開かれるようになった。

駅弁大会や物産展は百貨店の手堅いドル箱催事だ。そして現在に至るまで、駅弁のメインの売り場は、駅ではなくて催事となっている。

コロナ禍で加速する「駅離れ」

先述したように、コロナ禍に見舞われた2020年は駅弁にとって存亡の危機となった。新型コロナウイルス感染拡大による緊急事態宣言により、4月・5月の旅行、出張が9割以上消滅。主要駅構内の駅弁専門店での販売数も、壊滅的に激減した。百貨店も休業を余儀なくされ、緊急事態宣言が明けてからも、駅弁大会や物産展の開催は秋口まで軒並み自粛となった。秋以降規模を縮小して開催する動きがあったものの、駅弁の催事での売り上げも、年間を通すと前年の7割以上減少した駅弁業者も少なくない。

２０２１年1月の第56回京王百貨店駅弁大会はソーシャル・ディスタンスを保った特別な仕様で開催されたが、売り上げは例年の約半分となった。

駅弁は発祥の地である「駅」と、消費者との身近な接点である「催事」、2つの柱が共に揺らぐという、かつて見舞われたことがない、まさにビジネスモデル再考を迫られる局面に入ったのだ。

しかし、手をこまねいてばかりいるわけではない。

「シウマイ弁当」を主力とする横浜の崎陽軒はコロナ禍で多大な売り上げ減に見舞われ、ロードサイドに店舗を出す戦略に出た。同社はインターネット通販や冷凍弁当の開発にも乗り出しているが、通販と冷凍食品に力を入れる動きは駅弁業界全体で見られている。

スーパーでは、旅行や帰省を自粛している人のニーズに注目して、駅弁や地方の名物を集結した企画が増えていった。

民間では駅弁を新たに創出して、コロナ禍で打撃が大きい飲食店の振興や地域活性に結び付けようとする動きも出てきている。

駅弁はこのように、これまで国鉄分割民営化、列車の高速化、モータリゼーションの進行などと幾多の荒波に揉まれながらも、駅以外でも売れるようになり、コロナ禍の今も挑戦を続けることができている。

それができているのはやはり、駅弁が「郷土の味」代表としての価値を身に着けることができたからだ。そして、その価値を醸成し、高めていき、「郷土の味」としての駅弁の認知と人気を全国に広めた京王百貨店駅弁大会の功績が大きいと筆者は考えている。

本書の第1章では、「駅で売れない駅弁」だった有名駅弁「いかめし」がなぜ、京王百貨店駅弁大会でナンバーワンになれたのか、いかめし阿部商店三代目の今井麻椰《いまいまや》氏へのインタビューを通して考察する。第2章では、京王百貨店駅弁大会のウラ側、企画の数々を通して、駅弁の価値がどのように高められたのかをひもときたい。第3章では、駅弁大会に依存せず売り方を模索している駅弁業者や、駅以外での販路で挑戦する駅弁について取り上げ、「郷土の味」としての駅弁の可能性に着目する。

本書を手に取られた皆さんに、「売れないもの」をどう売るべきか、いかにして売れるものに変えていけるか、奮闘する駅弁の姿を通してヒントを得ていただければ幸いに思う。

※本書で紹介する駅弁の中には、現在終売しているものもあります。

なぜ駅弁がスーパーで売れるのか？――目次

第1章

地味な「いかめし」がなぜナンバーワンになれたのか？

駅弁の王者、誕生の地

京王百貨店新宿店「元祖有名駅弁と全国うまいもの大会」で、2020年までなんと50回連続で売り上げ1位を記録しているのが、北海道・森町にある、函館本線森駅の駅弁「いかめし」だ。まさに駅弁の王者に君臨する実績である。

その圧倒的な実績により殿堂入りを果たした「いかめし」は、2021年の第56回大会以降はランキングから除外されることとなった。しかしもし例年どおりに発表されていれば、変わらず1位を獲得していたのではないだろうか。有名駅弁が並み居る中でも「いかめし」の人気は、それほど圧倒的である。今や駅弁大会だけでなく、

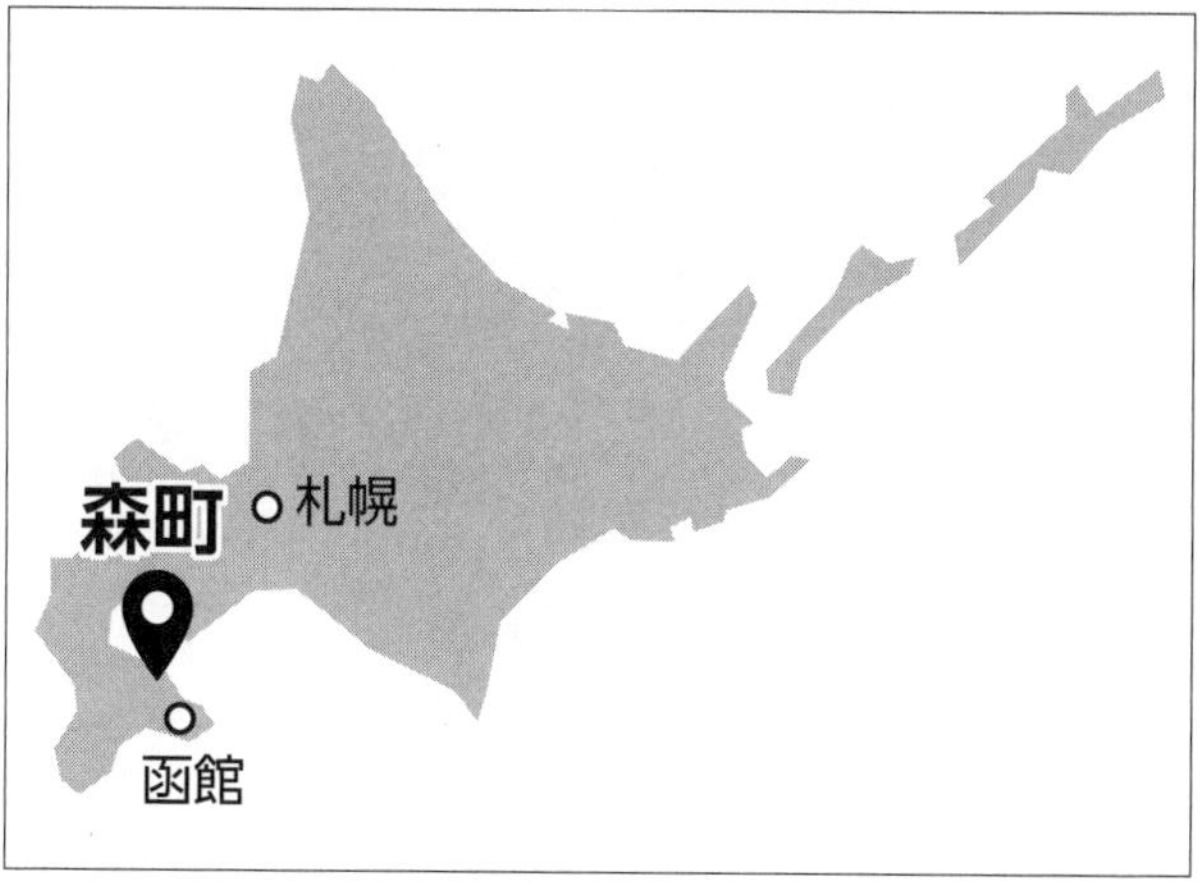

各地の北海道物産展でも絶大な人気を博している。

森町の人口は約１万５０００人。道南・渡島《おしま》半島にあり内浦湾（噴火湾）に面していて、標高１１３１メートルの秀峰・駒ヶ岳を望む。内浦湾沿岸から駒ヶ岳の西麓を、函館本線と国道５号線が走り、江戸時代から湯治場として利用されてきた濁川《にごりかわ》温泉郷を擁する。主たる産業は農業と漁業という、風光明媚で自然豊かな町だ。

そんな森町の代表駅・森駅は、函館駅からＪＲ北海道の列車で約60分。１日の乗客者数は２７７人（２０１９年）で、特急「北斗」の停車駅では４番目に少ない。

この乗客者数では、駅でどんなに懸命に駅弁

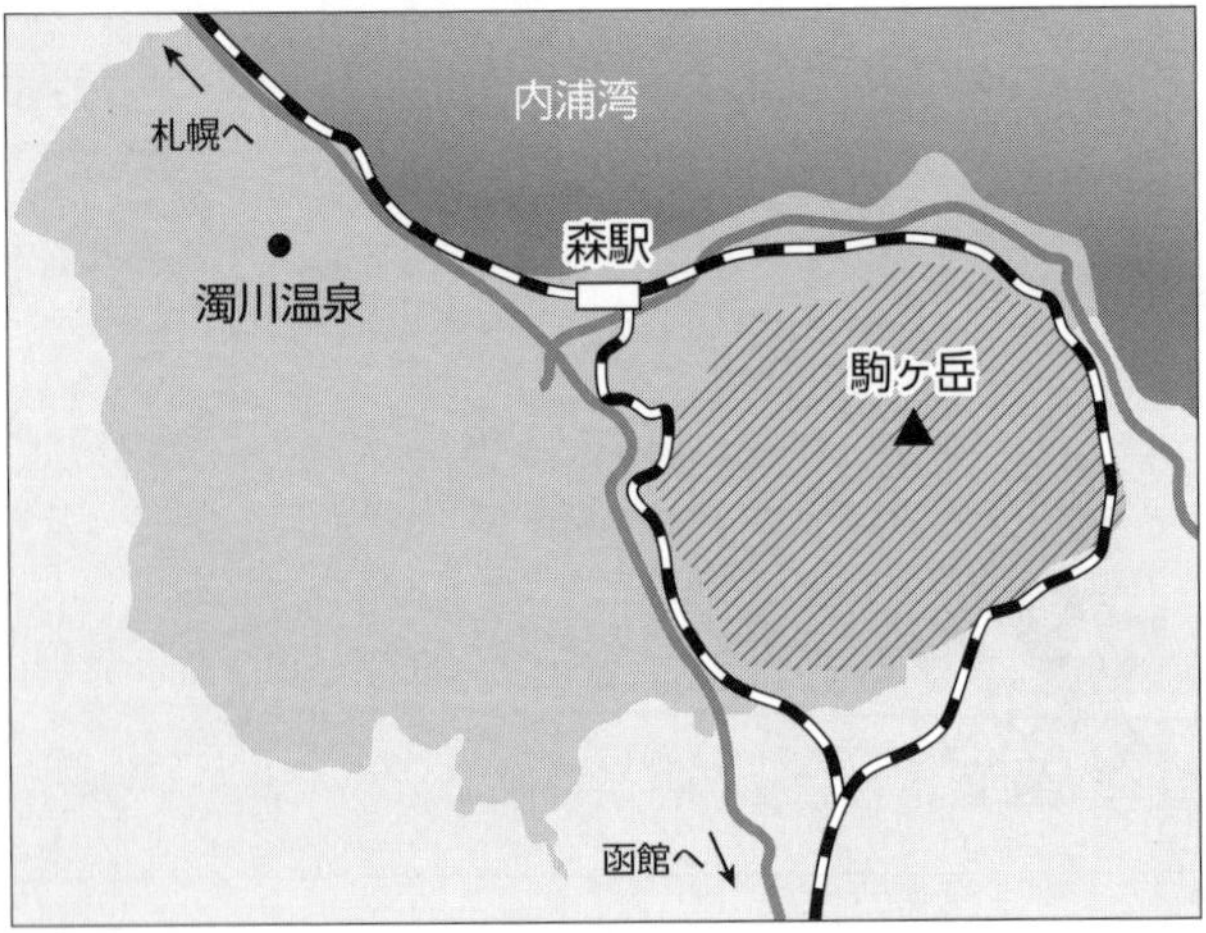

を販売しても、限界があることは誰の目にも明らか。

後発ゆえに函館駅で売らせてもらえず…

製造するのは、1903（明治36）年に森町で創業した株式会社いかめし阿部商店。創業者である阿部恵三男《えさお》氏は元々駅弁業者ではなく、旅館業と水産業を営んでいた。1941（昭和16）年に水産業の方で失敗し、多額の借金を抱えていた頃に「いかめし」のアイデアが生まれた。

周辺で最大の駅であった函館駅に駅弁販売

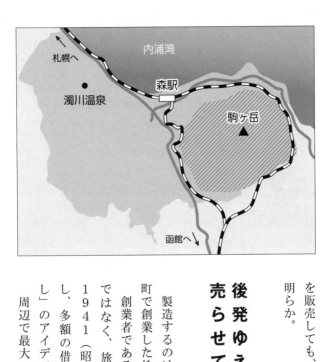

2021年、コロナ禍の開催となった京王百貨店駅弁大会にて

の願いを出したものの、すでに他の駅弁業者が販売していたため却下され、やむなく森駅で販売することになったのだ。

小さな町の、小さな駅から、なぜ駅弁の王者が生まれたのか。

株式会社いかめし阿部商店の歩み

明治36年：　森駅開業と同時に駅構内営業の認可を得て
　　　　　　阿部旅館内に、阿部弁当部を発足。

昭和16年：　いかめし弁当販売を始める。

昭和18年：　旅館業廃業、構内営業専業となる。

昭和41年：　第1回京王駅弁大会に出店。以降、毎年出店を重ねる。

昭和42年：　京王駅弁大会で初の売り上げ1位。

昭和62年：　個人営業を法人組織に改組。
　　　　　　株式会社いかめし阿部商店となる。

令和2年：　京王駅弁大会で50回連続売り上げ1位達成。

いかめし阿部商店三代目社長にインタビュー

現在、いかめし阿部商店の三代目社長を務めるのは今井麻椰氏。インタビューを通じて、人気駅弁「いかめし」のひみつ、売れる理由に迫ってみた。

今井　麻椰（いまい　まや）

1991年生まれ。慶應義塾大学環境情報学部卒業。いかめし屋の一人娘で、いかめしと共に成長してきた。現在は三代目社長として日々奮闘しつつ、バスケットボールのレポーターとしても活躍中で、二足のわらじを履きこなす。

そもそもなぜ、イカに米を詰めたのか

――「いかめし」は最も成功した駅弁の1つですが、どういった経緯で開発されたのでしょうか。

今井　阿部商店は元々、森町で旅館業を営んでいまして、1903（明治36）年に函館本線が開通する時に、森駅構内営業の認可を取って、駅弁事業に進出しました。最初は「いかめし」を売っていなくて、よその駅弁屋さんと同じような幕の内弁当、天丼、うなぎ丼を売っていたそうです。

――なるほど。事業拡大の一環としての駅弁事業だったのですね。差別化された商品ではなかったので、経営が苦しくなって「いかめし」を販売するに至ったということですか。

今井　そういうわけではありません。「いかめし」が生まれたのは、1941（昭和16）年です。当時の日本は戦争のさなかで、お米を確保するのが難しくなっていました。噴火湾に面する森町、函館のあたりでは、今ではあり得ないほどスルメイカがたくさ

ん獲れていました。そこで、最初はイカの胴体に、北海道にまつわるトウモロコシやジャガイモを入れて煮たのですが、しっくりこない。ところがイカにわずかなお米を入れて煮るだけで、結構パンパンに膨らんだのです。こうして、甘辛のタレで炊き上げる「いかめし」を、初代社長・阿部恵三男の奥さん、阿部静子が発明しました。阿部夫婦で旅館を経営していたのです。

――全国あちこちで「いかめし」を見ますが、阿部商店が戦時中に開発されたものが元祖なのですね。

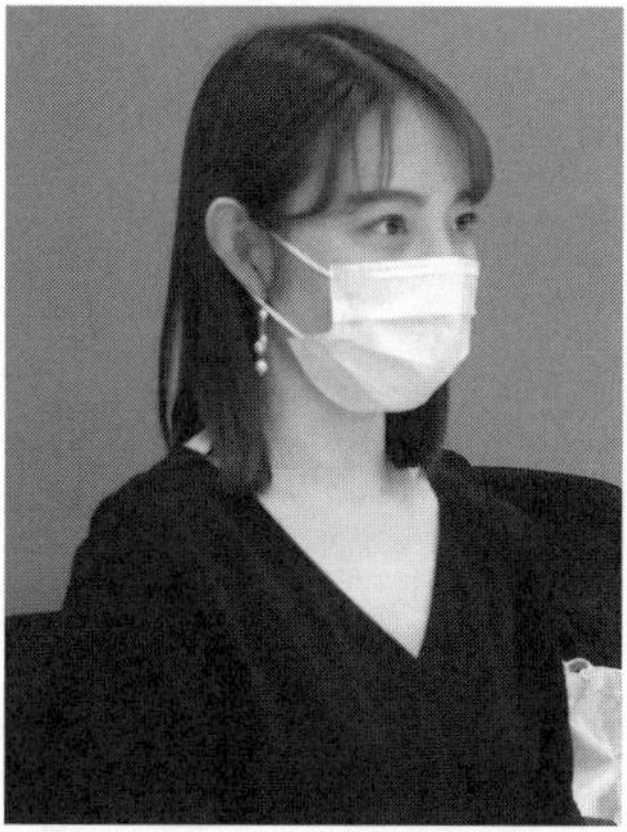

今井　そうですね。「いかめし」は、兵隊さんたちの空腹を満たしてあげたいという阿部の想いから生み出されました。当時、旭川の駐屯地へ向かう多くの兵隊さんが、森町を通り、阿部旅館の前を歩いていたのです。戦時中の食糧難だからこその発想ですね。

飽きない味のひみつ

――森町が生んだふるさとの味。味はずっと変わらないのですか。

今井 レシピは紙に書いたものはなく、口承で伝えられています。昔から味は変わっていません。生のイカの胴体に、生の米を入れてボイルするのですが、大鍋で一気に強火で煮るからこそ出せる味があります。似たようなものはできても、コピーはできないでしょう。赤い包装紙もずっと変わっていません。変わらないおいしさをずっと伝えていくのが、三代目としての使命です。

――「いかめし」のおいしさといえば、タレが染みたご飯の、もちっとした食感も特長ですよね。もち米を使っているのでしょうか。

今井 国産のうるち米ともち米をブレンドしています。もち米を使うのは、腹持ちを良くするためです。食感も良いですしね。かと言って、もち米だけだとお餅になってしまう。普通のお米、うるち米だけだとパサパサになってしまいます。ギリギリの線で配合しています。お湯で煮た後、タレで煮ます。大鍋で一気に大量に煮るので、中にはタレが染みていないものもあります。たまにクレームをいただきますが、見た目でタレが染みていないのも「いかめし」として正解なのです。機械で作っていないぶん、ムラはあります。家庭料理のようなもので、だから飽きないのかもしれません。職人さんによって作風も微妙に異なっています。

――タレはどのように作っているのでしょう。

今井　タレは作り置きせず、その都度作ります。ただし配合はとても難しくて、職人の舌で確認して決めます。イカは煮ると半分くらいに縮んでしまいますが、やわらかさ、厚みによっても配合は異なってきます。煮てみて、イカのテカり具合を確認しつつ、醤油を足したりザラメを足したりと、どんどん調整していきます。イカの特性、温度、湿度などいろんな要素を考えて配合しないと、納得できる味にはなりません。秘伝のタレがあるのではなくて、そういった作業のノウハウこそが、代々受け継がれている秘伝です。

――イカと職人が対話しながら作っていくような感じでしょうか。毎回全く同じ、均一的な「いかめし」を作るのは難しそうですね。

今井　決められた味の幅があって、その範囲で作ってもらっています。味の幅によって、職人の舌の感覚で、この人は甘め、この人はしょっぱめというのはあります。駅弁大会や北海道物産展で全国を回っていくのですが、長らく続けていくと、それぞれの職人にファンが付きます。どちらの百貨店に誰が行くのかはだいたい決まっていまして、この職人の「いかめし」なら間違いない、と購入されるお客様も多いです。

――シンプルな家庭料理のようにも見えますが、奥が深いですね。

今井　「いかめし」の味は職人の腕にかかっているので、その職人が高齢化しているのが懸念事項ですね。20人くらいの北海道の女性が働いていますが、出張が多くてなかなか自宅に帰れないので、若い人はあまり続きません。50歳以上の人が中心で、後継者の育成が急務になっています。そこが一番の課題です。

「いかめし」の名を広めたのが京王百貨店駅弁大会

――駅弁大会に出店するようになったのは、どのようなきっかけがあったのですか。

今井　昭和30年代には汽車がスピードアップしてきて、駅での停車時間が短くなってきました。昔は乗客が窓を開けて駅弁を買う時間がありましたが、窓が開かなくなり、だんだんとホームで売れなくなってしまいました。主要な駅でないので、森駅に停車する優等列車も減っていました。元々はホームで首から箱を下げて、列車から降りてくる人に売っていたのですが、今はもうやっていません。売り上げが減って悩んでいた時に、「駅弁大会に出てみないか」と高島屋さんからお誘いがありました。その約10年後に京王百貨店さんからもお誘いがあって、それ以来出店しています。

――京王百貨店の駅弁大会には第１回から参加していますね。

今井　やはり一番長く出店していますし、京王の駅弁大会が「いかめし」の名を広めてくれたことは間違いありません。第２回では売り上げ１位になっています。全国の百貨店から声が掛かるようになり、物産展にも呼ばれるようになりました。

――活気ある実演販売も魅力の一つですよね。

今井　催事では今も昔も、あらかじめ作ったものを運ぶということを絶対にしないです。全国どこの会場に行っても、職人が生のイカに生の米を詰めるところから始めます。それがこだわりですね。最高記録で１日に１万個を売ったこともあります。「いかめし」は鍋でいったん煮えてしまうと、箱に詰めるのは早いですから、スピーディに販売できます。１人で５個、６個と買っていかれる人も多いですね。京王の駅弁大会は売れる数が違うので、一度に煮る量が通常の催事の６倍になる時もあります。それでも行列ができますから、ありがたいです。

――阿部商店の人手が足りない時には、京王百貨店の社員が販売を手伝っていたと聞いています。Ｗｉｎ－Ｗｉｎで駅弁大会を共に盛り上げてきた印象ですね。駅弁大会の売り上げ比率はどのくらいになりますか。

今井　売り上げのうち、駅弁大会や物産展といった催事が占める割合は９割です。残りの１割は駅や通販。駅で売る個数は微々たるものですが、コロナ禍でいくらお客様が減ったとしても、毎日５個でも10個でも置かなければ、駅弁業者として認可されなくなりますから休業はできません。地元の駅以外では、東京駅の「駅弁屋 祭」でも販売していて、北海道の函館空港・新千歳空港など６つの空港にあるお店や市内のお土産ショップとキヨスクではレトルトパックのスタイルで販売しています。

イメージを守りながら新しい取り組みも

――鉄道や駅と「いかめし」の接点がどんどんなくなっていく感じがしますね。特急「北斗」の車内販売は２０１９年２月に終わってしまいました。森駅のキヨスクも営業不振で２０１８年３月に閉店しています。

今井　全国でどんどんキヨスクが閉店していて、駅弁業界がそうやって駅から出されていっています。「いかめし」はもう車内や森駅の構内ではなく、駅のすぐ前の「柴田商店」で売っています。朝と昼に作った、出来立ての駅弁が並びます。売り切れ御免で、地元の方が意外と買いに来られます。新型コロナ感染拡大の影響で今は状況が変わ

りましたが、外国の方含めて、多くの観光客にお越しいただいていました。駅の中ではないので、車で買いに来る人にとってはかえって買いやすくなったといった声も聞いています。

――コロナ禍では百貨店やショッピングセンターの休業・時間短縮が相次ぎました。売り上げの9割が催事だったのですから、影響は大きかったことと思います。

今井　２０２０年４月・５月の緊急事態宣言下では、駅弁大会や物産展の開催は一時期ゼロになりました。21年になってからも規模が縮小しています。普段なら１日に10会場で同時に催事が行われているのが、４つから５つの会場にとどまっていて厳しい。地方では百貨店がどんどん減っていますから、対策を打っていかないといけないです。実際に「もう閉店しますからこれが最後の物産展です」と言われている百貨店もあります。

――特に地方の百貨店は存亡の危機に立たされている感じがします。催事の会場がなくなっていく痛手は大きいですね。スーパーでの催事はやらないのですか。

今井　高級スーパーで催事を行ったことはあります。２０２０年から新しい試みとして、道の駅でも開催させていただきました。でも、どこでも簡単に食べられるイメージにはしたくなくて、量販店などでの販売というのは考えていません。

――通販については、２０２０年の5月から始められたそうで。

今井　立ち上げた頃は、レトルトを中心に結構売れたのですが、今は落ち着いてきました。催事の実演販売のほうが断然売れるのですが、将来的なことを考えると、もっと伸ばしていかなくてはなりません。父が社長だった頃からTシャツはあったのですが、新しくデザインを追加しました。あと、最近はエコバッグを使う人が多いので、トートバッグも販売しています。珍しいものでは、不良品ではないのですが、レトルトの製造過程で不揃いのサイズで弾かれた「いかめし」を原料とした「いかめしおかき」が好評です。実演販売で「いかめし」の横に置いていると、「いかめし」とセットでよく売れています。

「いかめし」と「レポーター」二足のわらじが自然なスタイル

――どのような経緯で、三代目社長になったのですか。

今井 創業者の夫婦に子どもがいなかったので、甥にあたる父、今井俊治が阿部商店の事業を継ぎました。私は一人っ子で、物心付いた頃からイカに触っていましたね。写真がいっぱい残っています。小学校の卒業アルバムには「夢はいかめし三代目」と書いていました。

――子どもの頃から、家業を継ぐのが夢だったのですか。

今井 その頃明確な夢がなくて、ウケを狙っていたのかもしれません（笑）。正直、本当に自分が三代目になるとは考えていなかったですね。「いかめし」はもう兄弟姉妹のようなもので、強い愛着があります。父は「いかめし」を手放して引退するつもりだったようですが、私にとってはあり得ないこと。実際、家から「いかめし」がなくなると考えると、子どもの頃からずっと一緒に暮らしていたものがなくなってしまう喪失感が大きかったです。それだったら私が継ぐという気持ちでした。大学の時も、アルバイト感覚で「いかめし」の販売を手伝っていました。

――大学は慶應義塾で、卒業後にカナダに留学。ずっと「いかめし」にかかわっていたのでしょうか。

今井　大学の時から経営の勉強をしていれば良かったと、ちょっと後悔しています。カナダのバンクーバーにあるブリティッシュコロンビア州立工科大学に留学していました。その時に、ちょうどアメリカのニュージャージー州の日系スーパーで北海道物産展が開かれることになり、1週間の「いかめし」実演販売の責任者を任されました。ところが、アメリカで「いかめし」を売るのは初めてでしたし、責任者をするのも初めてでした。アメリカ人にしてみれば、どういう食べ物なのか、全く見当も付かないのです。最初はお客様に興味を持ってもらえず素通りされました。これではいけないと、あれこれ工夫をして、最終的にはお客様は集まったのですが、人に物事を伝える大切さを痛感して、しゃべる仕事に興味を持ちました。その体験が、ＢＳフジの学生キャスターへと繋がっていきました。

――なるほど。「いかめし」の仕事をしていたからこそ、レポーターになれたので

すね。

今井　悩んだ末に、「味はテリヤキソース、中は大福餅のよう」と、アメリカ人が理解できる和食のイメージでプレゼンしました。試食コーナーも設けてみると、すごく売れました。アメリカ人は揚げ物が好きなので、私は「いかめしコロッケ」をメインで売ったのですが、何千個もの注文が入って、父も認めてくれました。周りの人たちからも「君は人に伝えるのが上手い」と言っていただきました。カナダではマーケティングや英語を勉強していたのですが、帰国して大学1・2年生たちと机を並べてアナウンサースクールに通学しました。2015年にはオーディションに受かって、半年間、朝の「BSフジニュース」に火曜日担当の学生キャスターとして出演し、生放送でニュースを読んでいました。

――アナウンサーとして順調なスタートでしたね。

今井　ところが新卒ではなかったこともあって、大手のテレビ局も何局か受けましたが、通りませんでした。所属事務所は決まってフリーアナウンサーとなったのですが、1年ほど仕事がありませんでした。そんな中「いかめし」を手伝っていると、２０１７年２月に日本テレビの番組「沸騰ワード10」で、フリーアナウンサーで「いかめし」の後継者ということで、取材を受けて放映されました。反響は大きく、「沸騰ワードリポーター」として出演することにもなりました。「いかめし」の催事で実演販売に行っても、「頑張ってね」と声をかけていただいたり、記念撮影を求められたりする機会が、急に増えました。「いかめし」の味を守っていかなくてはならないと、いっそう思うようになりました。

――「いかめし」美人三代目。今井さんの中では、三代目を継ぐことと、アナウンサーであることは繋がっていたのですね。

今井　私にとっては「いかめし」とアナウンサーの二足のわらじを履くスタイルが自

然なのです。今は、バスケットボール「Bリーグ」のネット番組、「バスケットLIVE」のレポーターや「B．WEEK!! リターンズ」のMCをしています。学生時代には部活でバスケットボールをしていたので、〝バスケ愛〟でオーディションに受かったと思っています。それからはアナウンサーの仕事を、バスケットボールのレポーターメインに絞りました。

――コロナ禍ではスポーツの試合も中止が相次ぎましたね。

今井　そうです。コロナ禍ではしばらく取材もリモートになったり、試合も中止になったりしています。これまでは、バスケットボールの試合会場で「いかめし」を販売していたのですが、飲食禁止になって取り止めています。

バスケット
WEEK!!
RETURNS

妥協のないイカへのこだわり

――社長に就任されたのはそんなコロナ禍の2020年5月1日。大変な中でしたね。

今井　飲食業界とスポーツ業界、両方の厳しい状況にぶち当たっていた時期ですね。会社としては、社長に就任したのと同じタイミングで、水産加工の三印 三浦水産と業務提携を結びました。力強い協力を得て、特にイカの安定供給を担保していただきました。

――イカが獲れなくなってきているのですか。

今井　「いかめし」には長年ニュージーランド産のイカを使っていたのですが、2011年に起こった大地震の影響で、プランクトンの関係か、海流に変化が起こったのか、獲れなくなってきているのです。世界的にイカが不漁の傾向で、イカの仕入価格の高騰は頭の痛い問題です。「いかめし」の値段は1980年代は350円でしたが、今は780円まで上がりました。「いかめし」が売れる理由には、他の駅弁に比べて安いというのもあります。これ以上の値上げは避けたいです。

――なぜ、ニュージーランド産のイカだったのでしょう。

今井　地元のイカが不漁で使えなくなってしまいましたが、ニュージーランド産を使ったら、イカを煮て冷めてからも身がやわらかい、よりいっそうおいしい「いかめし」が出せるようになりました。ちなみに当時のニュージーランド産のイカは決して安くなく、むしろ高かったとか。輸入品じゃないかと後ろ指をさされても、高くても、それにもかかわらずニュージーランド産を使っていたのは、おいしい「いかめし」のためだったのです。

農林水産省の漁業・養殖業生産統計によれば、国内の2020年のスルメイカ漁獲量は約4万7000トン。最大に獲れた1968（昭和43）年は約66万8000トンだったので、なんと10分の1以下に落ち込んでいる。2010年にはまだ約20万トンが獲れていたので、近年の漁獲量の激減が深刻だ。

函館をはじめとする道南はかつて、世界有数のスルメイカの大産地だった。戦後間もない1951（昭和26）年から72年まで、函館市に設置されていた函館海産物取引所では世界唯一のスルメイカの先物取引が行われていたほどだ。なぜ、海産物取引所が閉鎖されたか。それは現物取引が減った、つまりイカが獲れなくなったのが一番の原因だ。

道南は、そのような歴史からイカの加工業も発達している。当然、地元の人はイカの最もおいしい食べ方をよく知っていて、イカの品質に対する目も厳しいだろう。

道南・森町の企業で「いかめし」を製造するいかめし阿部商店は、外国産のイカを敢然と使用している。国内でイカが獲れなくなったための苦渋の決断だったが、冷めても身がやわらかいという駅弁にとって理想のイカを、こだわりを持って選んでいる。「いかめし」は不漁を乗り越えて品質が向上し、地元も納得する言わば「いかめし2・0」に進化したのだ。

「いかめし」の発祥は、戦時中で食糧不足の折、沿岸であり余るほど獲れていたイカに、米を詰めて砂糖を加えて醤油煮したところ、水分を吸収した米が膨らんで少量の米でお腹が満たされたというアイデア商品だった。これで兵隊たちの空腹を満たした。戦後、列車の高速化で、駅での立売に限界が見えてくると、阿部商店は駅弁大会に活路を見出す。京王の駅弁大会では２年目に売り上げ１位となり、２０２０年までなんと50回も連続で１位になった。

その成功の要因としては、イカの胴体に米を詰めて大量に煮る製法が、実演販売に極めて向いたことが挙げられる。手際良く箱詰めしていく、職人たちのスピーディで鮮やかな手付きを見ていると、効率性が他の駅弁とは段違いだ。でも、もし駅弁大会の出店を断っていれば、そのまま廃業に追い込まれただろう。

阿部商店はコロナ禍で、３度目の危機にある。厳しい環境下で三代目を継いだ今井麻椰社長は、バスケットボールのレポーターもこなす異色の経営者だ。今井社長によると、人に伝えるという意味では「いかめし」の経営もレポーターもどちらも共通しているという。「将来的にはバスケチームごとにパッケージを変えたいかめしを販売してみたい」と今井社長は目を輝かせる。

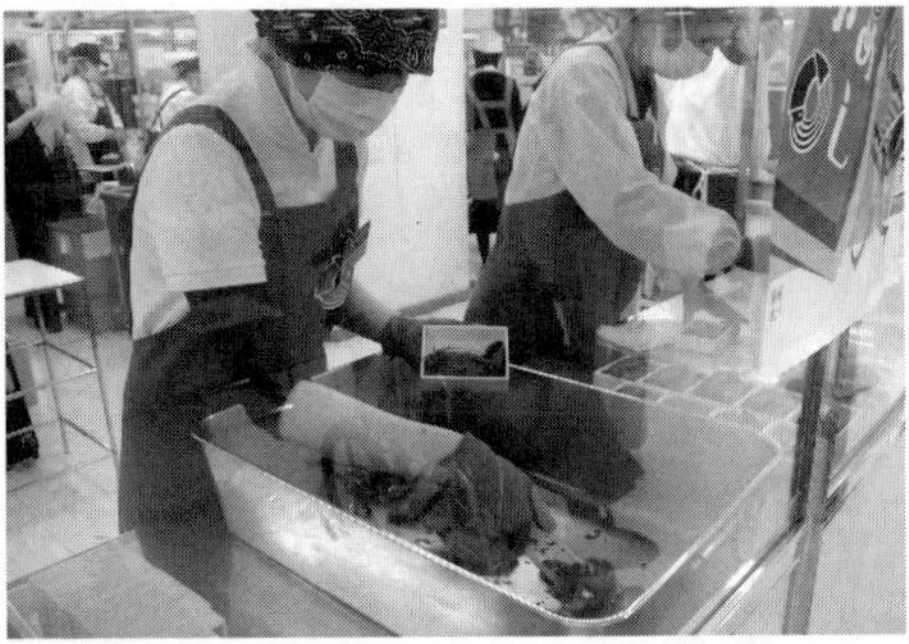

こだわりを持って良い素材を使うことを前提として、それに甘んじることなく、売る努力、伝える努力を続けていることも売れる理由の一つにあるだろう。今井社長は、ライブ配信サイトの「ＳＨＯＷＲＯＯＭ」でライブコマースという新しい売り方にも挑戦してみた。テレビショッピングのネット版のようなものだが、配信中にクリックで注文が入るので、より対面販売に近い。さらに２０２１年８月に函館で開催された、北海道日本ハムファイターズ主催のプロ野球非公式試合の始球式に出場した際には、球場前で「いかめし」を販売。東京駅「駅弁屋祭」では、「いかめしおにぎり弁当」を新しく販売し、「いかめしコロッケ」も入っていることから好調に売り上げた。

いかめし阿部商店には逆境において、大逆転に導く発想の転換を行ってきた歴史がある。アフターコロナに向かって、販売チャネルのさらなる拡大に意欲を燃やす今井社長率いる新生いかめし阿部商店は、バージョンアップへの脱皮に準備万端と見受けられた。

第2章

国内最大級、京王百貨店駅弁大会のウラ側

駅弁界のメインイベントといえば、京王百貨店新宿店が毎年1月に開催する「元祖有名駅弁と全国うまいもの大会」だ。駅弁ファンは年が明けて、お正月の三ヶ日が過ぎると、わくわく感が高まってくる。全国から駅弁の代表が集まってくることから、いつしか「駅弁の甲子園」と言われるようになった。大阪の阪神百貨店、熊本の鶴屋百貨店の駅弁大会と共に、3大駅弁大会と称され、これらに出店することが〝一流駅弁の証〟と考えられている。

京王駅弁大会が始まったのは、昭和の東京オリンピック開催から2年後の1966（昭和41）年。日本は高度成長の真っ只中だった。

当時、京王百貨店はオープン2年目で、新しい百貨店の目玉催事として駅弁大会が企画された。第1回は2月11日～20日の9日間開催。年末年始と3・4月の卒業と入学のシーズンに挟まれた閑散期の集客策であった。その後、時期と会期は何度かの変更を経て、現在は1月に定着している。

第1回の開催以降、期間を縮小した時期もあったが、休むことなく毎年継続している。

日本人の心を掴んだ草創期

ノウハウは髙島屋から吸収

大会を途切れさせずに続けてきた歴史を誇る京王百貨店は、いわば〝駅弁の聖地〟となっているが、日本で初めて駅弁大会を開催したのは高島屋だという説がある。１９５３（昭和28）年に高島屋大阪店で開催された「有名駅弁即売会」が日本初の駅弁大会と言われている。

京王百貨店の親会社はもちろん京王電鉄（当時は京王帝都電鉄）という電鉄会社であり、鉄道のプロではあっても、小売のノウハウはなかった。そこで１９６４（昭和39）年の百貨店進出にあたり、提携を仰いだ先が高島屋だった。当時の京王百貨店の営業部門の役職者の多くは高島屋出身者で占められ、仕入、販売、社員教育に高島屋のやり方が導入された。それが功を奏してか、百貨店オープン当日の来店者数はなんと40万人を超えたという。今日に至るまで最高記録となっている。

駅弁大会を率先して推進したのは、高島屋出身で営業担当の常務だった井垣久次という人物だった。この井垣氏こそが日本初の駅弁大会の発案者だったのではないかという説がある。井垣氏は文学と旅を好み、食と酒に通じた趣味人であったそうだ。

東京・新宿で大きく育った駅弁大会だが、そのルーツは大阪にあり、高島屋と京王百貨店の親交によって生まれたのだ。

第1回からロングセラー揃い

第1回大会の売上高ベスト5は下のとおり。

当時より、カニ、エビ、ウナギといった海鮮の高級食材が好まれていたことが読み取れる。

また、鳥取駅のような県庁所在地の駅の駅弁、浜松駅のような今は政令市の中心駅となった大きな駅の駅弁もあるが、必ずしも全国的に知名度の高い観

1位	かに寿し　150円 （鳥取県・山陰本線 鳥取駅）
2位	九尾釜めし　150円 （栃木県・東北本線 黒磯駅）
3位	えびめし弁当　150円 （新潟県・信越本線 新津駅）
4位	いかめし　70円 （北海道・函館本線 森駅）
5位	うなぎ飯　200円 （静岡県・東海道本線 浜松駅）

光地の駅弁が売れていたわけではなかった。翌年から1位となり、駅弁の王者に君臨する「いかめし」の森駅のように、駅弁大会によって全国に存在を知られる地方の駅もある。

もうなくなってしまった駅弁もある。売り上げ2位の「九尾《きゅうび》釜めし」は2005年に黒磯駅から駅弁が撤退すると共に終売したが、栃木県宇都宮市にある駅弁業者のフタバ食品が、2012年に東北自動車道の上河内サービスエリア下り線で復活させた。フタバ食品は氷菓「サクレ」で知られる食品メーカーだ。現在は、JR宇都宮駅の駅ビル「PASEO」内の土産物店「とちびより」でも購入できる。「とちびより」では同じく黒磯駅で人気を博していた「九尾すし」も復刻して販売されている。

「九尾釜めし」の特徴は益子焼の釜めし用容器に、茶飯を入れて、錦糸卵、ウズラの卵、鶏肉、タケノコ、シイタケ、ゴボウ、栗、紅生姜などのトッピング。

「九尾釜めし」以外は今でも駅や駅前で販売されている。第1回の京王百貨店駅弁大会から50年を過ぎても、販売されているロングセラーばかりで驚いてしまう。駅弁ビジネスは成功すれば、息が長い。

隣の群馬県の「峠の釜めし」とよく比較され、ライバル視された「九尾釜めし」

駅弁に惹かれる人、駅弁を売りたい人、どちらにもフィットしていた

第1回で出品された駅弁は約30種類で、売上高は4600万円。東京にいながら全国各地の名物駅弁が楽しめるというので大きな反響を呼んだ。

当時、東京オリンピックを機に東海道新幹線が開通した頃だったが、以降、全国の列車も高速化が進んで移動のスピードが速くなっていく。年を追うごとに、特急、急行などの停車駅が減り、停車時間が短くなってホームで駅弁を売る時間がなくなってきた。つまり、移動が迅速にできるようになり便利になった反面、駅弁にとっては逆風が強まっていった。交通網の発達と共に皮肉にも、駅で購入して食べる駅弁のニーズが縮小していったのだ。

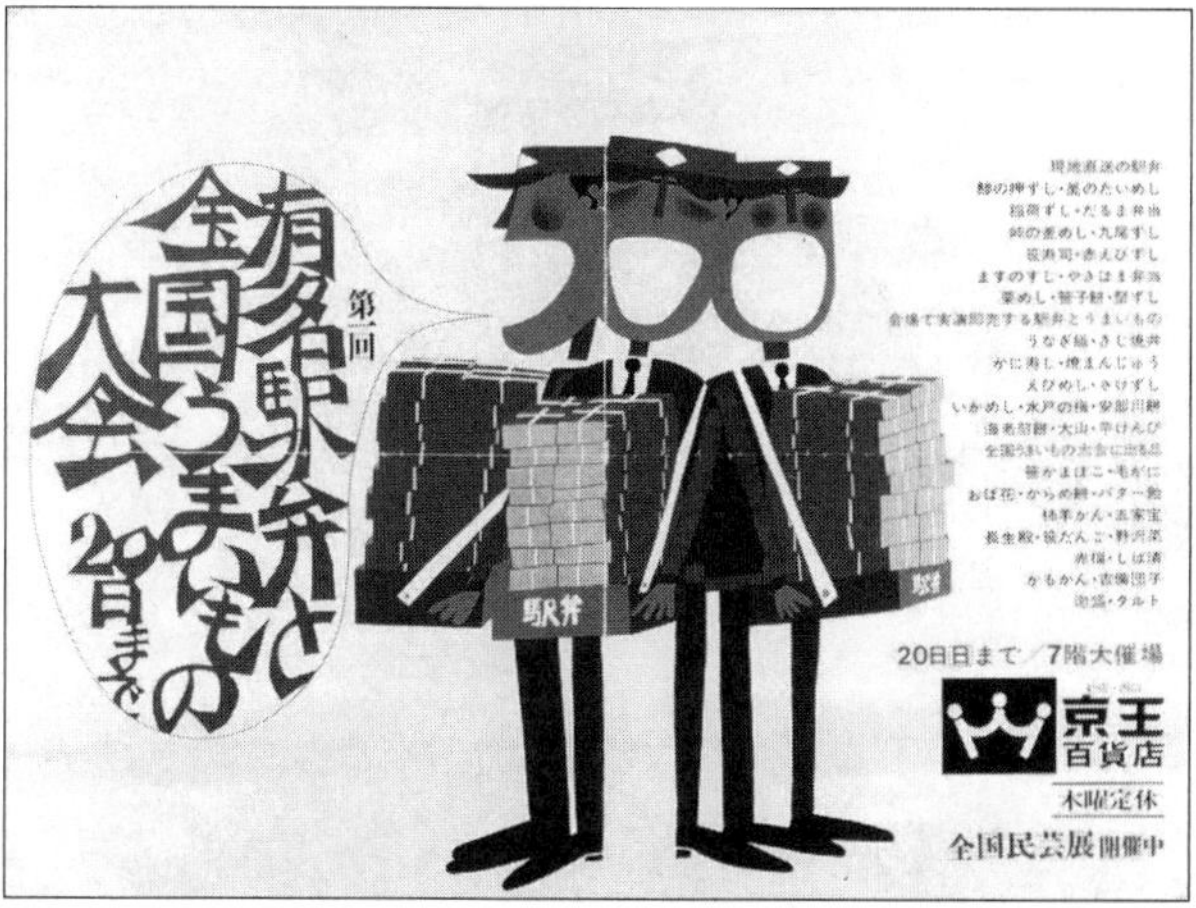

第１回大会のポスター

加えて、春から秋の行楽シーズンに対して、冬はどうしても駅で売る駅弁の売り上げは落ちてしまう。

駅弁業者が駅以外の売り場を確保するためにも、また冬場の売り上げを安定させるためにも、駅弁大会は積極的に活用された。

一方で、１９６０年代は集団就職の最盛期でもあった。モータリゼーションの本格化はもう少し先になるので、集団就職で故郷を後にする旅立ちの場所は常に駅。駅と、地域ならではのおふくろの家庭料理のイメージが重なり、故郷と周辺部の風景を思い出させる味の代表として、駅弁のイメージが形成されていったのだ。

故郷を離れて大都会の片隅で暮らす人た

第１回大会の会場の様子

ちにとっても、駅弁大会で出会う駅弁は郷愁を呼び覚ますアイコンとなり、大会は初回からたくさんの人たちに受け入れられていったのだろう。

ディスカバー・ジャパンが追い風に

１９７０（昭和45）年秋からは大阪万博後の旅行需要の減退への対策で、国鉄が「ディスカバー・ジャパン」キャンペーンを行った。同年10月には国鉄がスポンサーとなって、紀行番組『遠くへ行きたい』が始まっている。当初は永六輔が一人で全国を旅して、名物・名所を紹介し、町の人々と触れ合う内容だった。この番組は出演者が入れ替わりつつ現在まで続く長寿番組となっているが、しばしば駅弁が登場している。『遠くへ行きたい』の駅弁ビジネスへの寄与は多大ではないだろうか。

女性誌も１９７０年に「ａｎ・ａｎ」が、翌年「ｎｏｎ－ｎｏ」が発売され、歴史ある町並みが残る小京都をゆっくりと巡る旅を、新しい旅行スタイルとして紹介。記事に刺激され旅に出る若い女性たちは「アンノン族」と呼ばれ、その旅行スタイルは各地で流行した。ディスカバー・ジャパンのムーブメントの中で、駅弁もアンノン族のマストアイテムに組み込まれていった。

１９７２（昭和47）年の第7回大会では、日本の鉄道１００周年を記念した写真、年表、錦絵などの展示も行われた。

翌1973年には「想い出の味、ふるさとの味」をサブテーマに選定。旅行はまだまだ「あこがれ」の時代で、まだ見ぬ土地の味が気軽に楽しめると好評だった。駅弁は、魅力ある歴史ある町に実際に行かなくても、町の雰囲気を醸し出す懐かしい人情味ある味として、あたかも実際に旅行したかのように、心のトリップができる商品になった。一つひとつの駅弁が、それぞれの駅弁が生まれた土地の魅力の再発見に寄与したのだ。そして駅弁がいつしかディスカバー・ジャパンを象徴する商品とみなされるようになった。

1975（昭和50）年には、山陽新幹線全線が開通。東京駅から博多駅まで新幹線がつながり、太平洋ベルト地帯全域の輸送高速化に成功。日本の4大都市圏である首都圏、中京、京阪神、福岡まで、相互に短時間で行ける鉄道輸送が可能となった。

しかし、77年以降は京王駅弁大会はマンネリ化のためか、徐々に売り上げを落とす。1980（昭和55）年には会期が6日間に短縮され、1985（昭和60）年まで6〜7日間の開催が続いた。ディスカバー・ジャパンの効果も一段落し、京王としては次の一手を探る雌伏の期間だったただろう。

マンネリ打破！ 日本初の駅弁の復刻で成功

１９８５（昭和60）年には駅弁誕生１００周年を記念して、日本最初の駅弁とされる栃木県の宇都宮駅で販売されていた「竹の皮に包んだ塩握り飯」を復刻、再現。１日限定２００個が即完売して話題となった。

１８８５（明治18）年7月、東北本線宇都宮駅の開業と同時に、ごま塩を振ったおにぎり2個とたくあんを竹の皮で包んで販売したのが、駅弁の始まりだったそうだ。

専門の駅弁業者はなかったので、旅館「白木屋」が製造販売していた。値段は5銭。１９０２（明治35）年頃でカレーライスが5～7銭、１９０４（明治37）年でうどんやそばは2銭だったから、決して安価だったとは言えないのではないだろうか。それでも、その当時では鉄道で移動する人にとっての駅弁のニーズは高く、全国に駅弁ビジネスが広がった。同じ弁当でもより高い駅弁を売りたいと考える弁当屋も多かったのだろう。

今ではもっと早くの年に大阪駅などで駅弁が販売されていたのではないかとの指摘もあり、宇都宮駅が駅弁の元祖かどうかは諸説乱れ飛んでいてはっきりとはわからない。

現在の宇都宮駅では松廼家《まつのや》より元祖駅弁にちなんだ「駅弁発祥地より　滊車辨當」が

800円で販売されている。竹の皮に包んだおにぎり2個だが、グルメ仕様になっていて若干のおかずも付いている。

売り上げ3億円時代へ

1986（昭和61）年の第21回大会には、前年の元祖駅弁の成功を受けて、会期が約2週間に伸び、駅弁のメインイベントとしての陣容を整えた。販売する駅弁を2週目に入れ替える試みも始めた。

87年の第22回大会では売り上げが3億円に。駅弁の種類は約60にまで増えた。また、本州最南端の鹿児島県の鹿児島本線・西鹿児島駅（現・鹿児島中央駅）から「さつまとりめし」や「とんこつ弁当」といった輸送駅弁も実現している。輸送速達化の改善によるものだ。

88年の第23回大会は国鉄からJRへと移行してから初めての駅弁大会となった。前年秋に「新幹線グルメ」という新横浜・新大阪駅間の駅に1つずつ（名古屋駅のみ2つ）の地域の名物を入れた駅弁をJR東海が企画して売り始めたが、京王で早くも12駅で発売した13点から10点が初登場した。また、同年に青函連絡船が青函トンネル開業で廃止されるのに際し、津軽海峡の海の幸を詰め込んだ船弁「ほたて吹きよせ」、「北海せいろめし」が実演販売されて名残を惜しんだ。

売り上げ4億円時代へ

いわゆるバブル景気の頂点を成した1989（平成元）年の第24回大会では、駅弁の品揃えが約100種類にまで増え、売り上げは4億円超えに。好景気を背景としてグルメや旅行のブームを追い風に、京王の駅弁担当者が旨い駅弁を求めて全国を行脚する様子を密着取材するテレビ番組も放映された。

東海道新幹線開業25周年、東海道本線全通100年にもあたり、会場に新幹線車両のカフェテリア再現が行われた。

1990年代前半には復刻駅弁が登場。

90年には64年の東海道新幹線開業当時の名古屋駅「祝・東海道新幹線御弁当」が販売された。91年には群馬県高崎駅の「だるま弁当」を、73年以降プラスチック容器を使用する前の陶器の容器で提供。92年は神奈川県の東海道本線国府津《こうづ》駅の「御鯛飯」、93年は山梨県の中央本線小淵沢駅の「万作べんとう」と続いた。

93年には北海道からの駅弁の空輸が可能となり、輸送駅弁の遠距離輸送が増えるきっかけとなった。しかし物流の発達は、他社が駅弁ビジネスに新しく参入する障壁を下げる結果をもたらし、各地の百貨店やスーパーなどもドッと駅弁大会を催すようになった。

95年には1月17日に発生した阪神・淡路大震災で被災した神戸の駅弁業者・淡路屋が3日遅れで大会の会場に到着。「復興に向けて自分たちの納得できる商売をしよう」とトラックに乗り込んで上京したのだ。その前向きな姿勢に、会場が温かい声援に包まれたそうだ。

90年代は淡路屋のような心温まるエピソードもあったものの、しばらくバブル崩壊のマイナス効果が相まって、4億円台の売り上げで停滞する傾向が出るようになった。テレビ番組の取材も減っていった。

廃線駅弁に光を当て、地域も大会も盛り上がる

このような状況に奮起した当時の担当者が考案したのは、新機軸の企画の数々だった。

97年には、初の「廃線駅弁の復刻」として、北海道の西興部村《にしおこっぺむら》にある旧名寄《なよろ》本線上興部《かみおこっぺ》駅の「やまべ寿し」などが登場した。

「やまべ寿し」は1925（大正14）年から1961（昭和36）年まで上興部駅で売られていた。各地にあった駅弁、弁当ではあるが、最初に出したのは上興部駅ではないかと言われている。まだ冷蔵庫もない頃で、少しでもやまべ（やまめ）の鮮度が落ちると商品にならないので、製造には非常に苦労したそうだ。

当時のチラシより

上興部の「やまべ寿し」は地元で愛されていたが、駅弁ガイドにも載らないような知る人ぞ知るローカル駅弁で、廃線によって幻の存在となっていた。だからこそ、世に問う意義があったのだ。

盛り付けや味付けのみならず、掛け紙や容器に至るまで、当時を知る人の記憶を頼りに完全な再現を試みた。廃線駅弁の復刻企画は、「京王はそこまでするのか」と、大きな反響を呼んだ。

テレビ、新聞、雑誌などを合わせてマスコミ各社の取材は17社に及び、当時の北海道で最小の村で人口約1300人であった西興部村が突然脚光を浴びた。駅弁大会がなければ、この村にスポットライトが当たることはおそらくなかっただろう。

国鉄が分割民営化されて、採算を考慮した経営を行うようになった反面、人口が減って過疎化した地域の鉄道が次々に廃止されていく。地域の衰退がますます加速する寂しい状況が、日本各地で見られるようになっていた。

そんな時に、過疎に苦しむ村のかつての名物駅弁が、時を経て東京最大のターミナル駅・新宿で、繁栄した頃の懐かしい記憶を蘇らせたのだ。ブースでは、西興部村に限らず北海道出身者と、購入した駅弁ファンの間に交流も生まれた。

ちなみに、現在の上興部駅は鉄道資料館として保存されており、急行列車「紋別」がしのばれるディーゼル車両が置かれている。

前96年の秋には新しく新宿南口に高島屋新宿店がオープンし、新宿エリアの百貨店のサバイバルが激しさを増していた。新宿には、すでに京王の他にも伊勢丹、三越、小田急、丸井と百貨店がひしめいており、ショッピングセンター開発に長けた高島屋の進出は、競合する他社にとって脅威になっていた。京王の出店自体を高島屋の新宿への意欲の現れと見る業界関係者も、少なからずいた。京王百貨店は２００１年に京王電鉄の１００％子会社となり、高島屋との資本関係を解消している。

京王の駅弁大会に対して、高島屋新宿店は「味百選」という物産展で対抗してきた。コンセプトが被り大きな危機感を抱いた京王百貨店だったが、廃線駅弁の復刻は話題性で凌駕し、社員たちに自信を与えた企画でもあった。

来場者からの評判もすこぶる高く、ぜひこの企画を続けてほしいといった声を多く聞いたそうだ。

5位にランキングした「帆立めし」

こうした期待に応えて、２０００年には今度は同じ名寄本線の渚滑《しょこつ》駅の駅弁「帆立めし」が復刻された。帆立貝を使った駅弁は、貝の身や貝柱をそのままの姿で煮たものをご飯の上に乗せるのが一般的だが、「帆立めし」はいっぷう変わっていた。干帆立貝柱をほぐして、炊き込みご飯となっているので、一見帆立が見当たらない。食べてみたら、帆立の風味が広がるといった趣旨で、見た目と味とのギャップが魅力の逸品だ。

北海道は帆立貝の水揚げ日本一を誇るが、とりわけオホーツク海沿岸の紋別エリアの産品は品質、味共に高く評価されている。ミネラルとプランクトンをたっぷりと含んだ流氷の海が、帆立貝の生育にとって良好な環境とのこと。小ぶりではあるが身が引き締まり、コリコリとした食感と肉の甘みが格別だ。

渚滑駅は紋別市内にあって、渚滑線を分岐する重要な乗換駅で、急行「紋別」などの停車駅だった。渚滑線34・3キロメートルは85年に全線廃止されている。渚滑駅跡は、現在渚滑ふれあいパークゴルフ場、渚滑高齢者ふれあいセンター、バス停留所と待合室などとなって様変わりしている。9600形の蒸気機関車が展示され、往時をしのぶことができるが、駅の痕跡は残っていない。


2001年の「樺太の駅弁」復刻では、企画がスタートした時点では、当時を知る女学生の同窓会「すずらん会」の協力で即再現できるかと考えていたが、彼女らの記憶があいまいだったため難航した。

旧樺太の南部は、現在はロシア領だが戦前は千島列島と同じく日本の領地だった。樺太庁所在地の豊原は日本最北の市であったが、今はサハリン州の州都・ユジノサハリンスクと都市名を変えている。その旧豊原にあった女学校の卒業生の集まりが「すずらん会」で、会員が高齢になったため、最後の集まりを開催したという情報を京王の駅弁担当はキャッチした。復刻するならもう最後のチャンスかもしれなかった。

「御弁當」

当初は豊原駅の駅弁を復刻する予定だったが、知取《しるとる》駅の駅弁のほうが懐かしいという話が浮上した。豊原駅、知取駅は共に旧樺太東線の駅で、豊原駅からは川上線と豊真《ほうしん》線に接続した。知取駅は、樺太庁の中部にあった知取町の中心駅で町は富士製紙（現在の王子製紙）の工場、鉱泉の遊泉閣があって賑わっていた。豊原からは北へ２３５キロメートルに位置している。なお、今の知取はマカロフと名称を変えている。

復刻された駅弁「御弁當《おべんとう》」は、ＳＬの絵がメインに描かれた掛け紙にまず目を引かれる。２段重ねとなっていて、１段目は白いご飯のみ。２段目は樺太マスの塩焼きをメインに、イカの松笠焼き、野菜の煮物、蒲鉾、卵焼き、たくあんであった。

樺太出身者の機関誌で情報を募った結果、当時のレシピを知る調製元「やまもと」から情報を得られて再現できた。

大会の会場で「すずらん会」メンバー、樺太出身の引揚者たちが涙を流しているのを見て、担当者も「駅弁がこんなにも故郷への郷愁と感動を呼び起こすのか」と、たいへんなやりがいを感じたという。


このような企画を通じて確かな手応えを得ながら、京王の歴代担当者は「旅行者をもてなすために、郷土食を詰め込んだのが駅弁」、「たくさんの人が故郷への郷愁や郷土愛を持っていて、駅弁はその想いに訴えかける力がある」といった認識を強めていった。そうした認識の下で、駅弁の魅力を伝える諸企画、駅弁大会の意義が受け継がれていったのだ。

信頼を得る全盛期

「料理の鉄人」にヒントを得た企画で人気絶頂

人々の故郷への想い、「地元を応援したい」という郷土愛に訴えかけ、成功したのが「対決シリーズ」。1998（平成10）年の第33回からスタートした企画だ。これによって駅弁大会は人気の頂点に上り詰めていった。

「対決シリーズ」は、その頃人気だった料理対決番組のフジテレビ系「料理の鉄人」にヒントを得て始まった企画だ。「料理の鉄人」は、超一流シェフがキッチンスタジアムなる空間で、テーマ食材をめぐって料理をつくり、審査員の多数決で勝負を判定するという内容。さながら格闘技の試合のような白熱した対決の光景が視聴者を虜にしていた。

京王は活気ある実演販売会場をキッチンスタジアムに見立てて、駅弁づくりの達人たちが頂上対決を行う演出を考案した。地域の代表が食をめぐって頂点を目指す発想は、2000年代にブレイクしたご当地グルメでまちおこしを目指す「B-1グランプリ」などの、郷土食やB級グルメを集めたフードイベントに大きな影響を与えている。駅弁は価格的に決してB級グルメとは言えないが、駅弁大会が「食によって郷土が活性化する」ということを具体的に示した。この経済的意義は極めて大きい。

京王駅弁大会は、「東西かに対決」「東西牛肉対決」といった素材を限定した食べ比べ企画によって、ヒット商品を次々と送り出した。対決企画のテーマを駅弁ファンが楽しみに待ち望み、テーマに沿った駅弁が売り上げ上位にランクインして、駅弁のトレンドが形成されるといった現象が起こった。

ちなみに、「料理の鉄人」でおなじみの鉄人シェフが、実際に駅弁を監修して実演販売で対決する企画が２０１４年の第49回で組まれることになる。京王百貨店開店50周年を記念した「名人 夢の競演」という特別企画だ。和の鉄人、道場六三郎氏が監修したのが、兵庫県・山陽新幹線新神戸駅の「みちば御自慢 鶏肝丼」。二代目和の鉄人、中村孝明氏が監修したのが、鳥取県・山陰本線鳥取駅の「鳥取の味 懐石御膳」。イタリアンの鉄人、神戸勝彦氏が監修したのが、青森県・東北本線八戸駅「トリュフ風味牛タンと牛肉のイタリア風すき焼き弁当」と、３種類のグルメ駅弁企画となった。

意外性が企画の肝

●海のマスVS湖のマス

「対決シリーズ」が始まった98年の東京の1月は荒天で、開催期間中に何度か大雪に見舞われた。降り積もった雪が解けきらないうちにまた降るような状況で、さながら雪国の風景が広がっていた。この年は首都圏に集中的に雪が降り、輸送駅弁は順調に羽田空港に到着していたが、わざわざスタッフが、時間を掛けて取りに行かなければならない手間が掛かった。東京は雪にはとても弱く、道路も鉄道もすぐに止まってしまう。果たしてお客さんが集まるのか、京王のスタッフは気を揉む日々だった。

惨敗も覚悟したが、結果として対決企画が当たったおかげで、売り上げ4億円台をキープした。

その年のテーマは「マス」で、富山県・北陸本線富山駅の「ますのすし」と栃木県・東武日光線東武日光駅の「日光鱒づくし」が対決した。「ますのすし」は約９０００個を販売して、ランキング5位に飛び込んだ。もう一方の「日光鱒づくし」も約６０００個を

江戸時代から愛され続け、「駅弁の西の横綱」とも言われる「ますのすし」。対決企画に出たのは写真の「伝承館ますのすし」だ

売って7位に食い込み、両者トップ10に入る大きな成功を収めた。

「ますのすし」は日本海で獲れる海のサクラマス。一方の「日光鱒づくし」は中禅寺湖で養殖した淡水魚のニジマスを使っており、海と湖のマスが味を競う郷土色の出た企画だ。

「ますのすし」は富山のおみやげとしても幅広い人気を獲得している全国区の商品だ。京王でもそれまで売り上げ上位をキープしていたが、全て輸送によるもので、調製元の源《みなもと》は実演を行ったことがなかった。そこで、京王は一計を案じ地元・富山にある「ますのすし伝承館」での実演を、東京でできないかと依頼した。回答は、1日200食のみを実演し、残りを輸送するという条件で着地した。

分厚いマスが乗る「日光鱒寿し」。酢飯の間にサンドされた湯葉も隠れた主役となっている

人気駅弁「ますのすし」に対抗すべく、東武日光駅の駅弁業者、日光《にっこう》鱒鮨《ますずし》本舗《ほんぽ》がこの大会のために新開発したのが「日光鱒づくし」だ。日光鱒鮨本舗は東武日光駅で人気が高い「日光鱒寿し」を販売してきたが、当時は圧倒的に富山の「ますのすし」のほうが有名で、「日光鱒寿し」との直接対決は避けたいという意向が富山側にあったようだ。しかし、対決企画の盛り上がりの成果で、「日光鱒寿し」の評価まで上がっていったという。

駅弁とは日本鉄道構内営業中央会に加入する会員が、旧国鉄、つまり現在のＪＲ各社の駅構内で売っている弁当のことを指してきた。私鉄駅で売る弁当は駅弁とみなしてこなかったのだ。しかし、京王では「全国うまいもの大会」のほうで日光鱒鮨本舗と取引があった。

ＪＲの代表駅で売る王道の駅弁に、私鉄の代表駅で売る〝知る人ぞ知る〟弁当をぶつける。この意外性が企画の肝だった。

東京で実演をしたことのない老舗駅弁業者に対して、駅弁の再定義を迫る私鉄の駅弁が相対する。しかも、「海のマスと湖のマスは、どう味が違うのか」「実際に食べてみよう」という、駅弁ファンの舌を刺激する発想が世間の関心を引いたのだろう。

●高松のアナゴＶＳ豊橋のウナギ

意外性があり、想像の斜め上をいく企画は他にもある。

２００１年の第36回大会は、アナゴ対ウナギで決定。素材が違う駅弁の対決ではあったが、第１回のマスも厳密に言うと、富山のマスは海産物に対して日光のマスは淡水魚で、違う種類だった。「料理の鉄人」ならば同じ素材でなければ勝負にならないが、見た目が似た同じ系統の素材ならば、ありなのだ。むしろ少しズレていたほうが、郷土色が出て良い。

アナゴは香川県・予讃線高松駅の「あなごめし」が登場。讃岐うどんに使うイリコだし

を使って炊き上げた茶飯に、香ばしく焼き上げた瀬戸内海のアナゴが乗った、郷土色の強い駅弁だ。

一方のウナギは、愛知県・東海道本線豊橋駅の「うなぎ飯」がセレクトされた。豊橋市のすぐ近くの幡豆《はず》郡一色町《いっしきちょう》（現・西尾市）は養殖鰻の生産量が日本一だった。浜松と浜名湖を挟んで東側の豊橋もまた、ウナギの名産地だ。調製元は大正年間より豊橋駅を拠点とするこちらも老舗の壺屋弁当部。

アナゴの産地で瀬戸内海沿岸と言うと、広島が思い浮かぶが、それに対して同じ瀬戸内海の四国の高松駅の駅弁をピックアップ。ウナギもド定番の浜松ではなく、近隣の豊橋駅で代表させるといったように、人々の固定観念を巧みに外しつつ、地域の背景を考えれば誰もが納得する微妙なラインを狙って成功した。結果は、アナゴは売り上げ2位、ウナギも6位に入った。

接戦で盛り上がった末、ベストセラー商品も誕生

1999（平成11）年の第34回の対決企画のテーマはカニだった。日本人はカニ好きが多いのだろう。実演販売ではすでに、北海道・函館本線長万部《おしゃまんべ》駅の「かにめし」が販売数ベスト10の常連となっていたが、京王はあえてこの人気駅弁を外した。

選んだのは、福井県・北陸本線福井駅の「越前かにめし」と北海道・根室本線釧路駅の「たらば寿し」だった。

この対決は、北海道のタラバガニと北陸のズワイガニという、「東西カニの食べ比べ」が話題に。販売数で「たらば寿し」が2位、「越前かにめし」が3位に入る、たいへんな盛り上がりを見せた。しかも、その差はわずか113個で誤差の範囲内と言えるほど、甲乙付け難いものだった。

その後も、両駅弁は実演で上位人気をキープ。特に「たらば寿し」に関しては、前年の「日光鱒寿し」に続いて対決企画をきっかけにブレイクし、ベストセラー商品となった。

ズワイの内臓をほぐして炊き込んだご飯に、ズワイの身を敷き詰めた「越前かにめし」

VS

タラバのフレークと棒肉が乗り、いくらとオホーツクサーモンが添えられた「たらば寿し」

大人気「牛肉どまん中」は対決企画で初登場

２０００年の第35回大会で、売り上げは5億円を突破した。テーマは「東西牛肉対決」だった。

元々駅弁の素材は海産物がメインで、肉をメインにした駅弁は珍しかったが、和牛の評価が海外で上昇すると共に、地域のブランド牛を使った駅弁の人気が高まってきた。そうした「世界の中の和食」といった観点で駅弁を見直していく背景もあって、米沢牛と但馬牛の対決企画が、20世紀から21世紀へという、世紀の変わり目に組まれた。

米沢牛は、山形県・奥羽本線米沢駅の「牛肉どまん中」が出店した。これは、92年に山形新幹線が開通した際に駅弁業者の新杵屋《しんきねや》によって開発されたものだが、この大会で初登場。以来人気に火が付き、毎回実演販売の個数で上位に入り続けている。今や米沢を代表する名産になった傑作駅弁だ。なお、現在は国産牛を使用している。

一方の但馬牛は兵庫県・山陰本線和田山駅の「但馬の里 和牛弁当」が出店した。但馬牛は神戸牛、松阪牛、近江牛の素となっている兵庫県産の黒毛和牛。兵庫県の丹波地方で肥育されれば神戸牛、三重県の松阪市周辺なら松阪牛、滋賀県なら近江牛となる。京王からオファーを受けた駅弁業者の福廼家《ふくのや》総合食品は、「駅弁大会を機に但馬牛の魅力が広まれば地元のアピールになる」と意気込んだ。

　対決の結果は、販売数が全体で米沢牛が2位、但馬牛が10位となった。いずれもベスト10に入る健闘を見せた。なお、現在の和田山駅は構内に駅弁の売場がなく、駅を出た目の前に福廼家の店舗があって、そこで買える。つまり、厳密には駅前弁になった。

山形県産米「どまんなか」の上に、特製のタレで味付けした牛そぼろと牛肉煮が乗る「牛肉どまん中」

VS

大会では山菜ご飯と但馬牛を別々によそっていたが、現在は白ご飯に肉を盛るスタイルとなっている「但馬の里 和牛弁当」

※写真はどちらも現在の仕様

「ビジネスチャンス」の場として信頼を得ていく

02年はとり、03年は貝三昧、04年はサケとイクラのような親子弁当、05年は豚と鯛のダブル対決、06年はカニとカツのダブル対決、07年は海鮮対決のアワビ対フグ、08年は牛肉、09年はイカ対タコなどといったテーマが受けて、京王の駅弁大会は全盛を迎えた。

最初は2組の対決でスタートしたが、03年以降は3組以上の対決も増えた。05年以降は、2つ以上の対決企画を同時に行うことも多くなり注目を集めたものの、反面で顧客サイドからすると複雑になりすぎて焦点が定まって見えにくい、といった感想もなきにしもあらずだ。

このように対決企画が充実してきたことで、メディアへの露出も断然増え、京王百貨店駅弁大会は年明けの一大イベントとして世間に広く認知されるようになった。２００３年の38回大会の売り上げは6億９０００万円に達していた。

まだ京王百貨店の名が浸透していなかった頃、出店の交渉は困難を極めていた。しかし、担当者たちがそれにめげずに現地に直接赴いて、「駅弁を振興することによって地域の活性化に貢献できる」と、駅弁業者を粘り強く説得してきたからこそ、ローカル駅で細々と売られていた駅弁が、実演や輸送で大会に出店したのを機に脚光を浴びるケースも続出していた。その典型が、北海道の森駅の「いかめし」や厚岸《あっけし》駅の「かきめし」のような、乗客数が少ない過疎地の駅でありながら、今では誰もが知っているビッグブランドになった駅弁たちだ。

２０００年代に入ると次第に、京王の駅弁担当者が地方を訪問すると、歓迎されるようになってきた。駅弁大会に出店することで、駅弁業者のビジネスチャンスが広がるといった認識が形成されたのだ。

顧客をつなぎとめたマンネリ期

ネタが尽き始めた先に打ち出した策は？

２０１０年の第45回大会では、素材にプラスして「良年祈願 おめで対決」と銘打ち、お正月をテーマに選んだ。対決シリーズも10回を超えてくるとさすがに、駅弁に適した素材が出尽くした感があった。そこで、素材以外の打ち出し方の工夫を試みたのだ。

また、２組の対決ではなく３組の対決とすることで、盛り上げ効果があった。そうした甲斐があって、同年には史上最高の売り上げ７億円を達成した。

おめで対決に参集したのは、兵庫県・山陽本線姫路駅の「瀬戸内鯛寿司」「ハッピーまねき」、静岡県・伊豆急行線伊豆急下田駅「伊勢海老弁当」、岡山県・山陽本線岡山駅「桃太郎の祭ずし」。いずれも、おめでたい雰囲気を醸し出す、旅の気分が高揚する駅弁にスポットライトを当てた。

「瀬戸内鯛寿司」を出品した、姫路駅の調製元・まねき食品は１８８９（明治22）年に幕の内駅弁を初めて売り出した業界の重鎮ながら、京王駅弁大会初登場だった。

まねき食品は「ハッピーまねき」も出品。1日200食の限定で販売した。これは、日本一の駅弁をつくろうとの社内公募から2007年に生まれた商品。2匹の法被《はっぴ》を着た笑うまねき猫が並んだ瀬戸焼陶磁器製の容器に、鯛寿司が入っているユニークな駅弁だ。容器は愛知県瀬戸市の窯元と提携して開発し、食べた後に漬物や塩昆布などを入れる用途に使う人も多い。鯛寿司だけでも売ってほしいとの顧客からの要望で、「瀬戸内鯛寿司」が販売されるようになった。

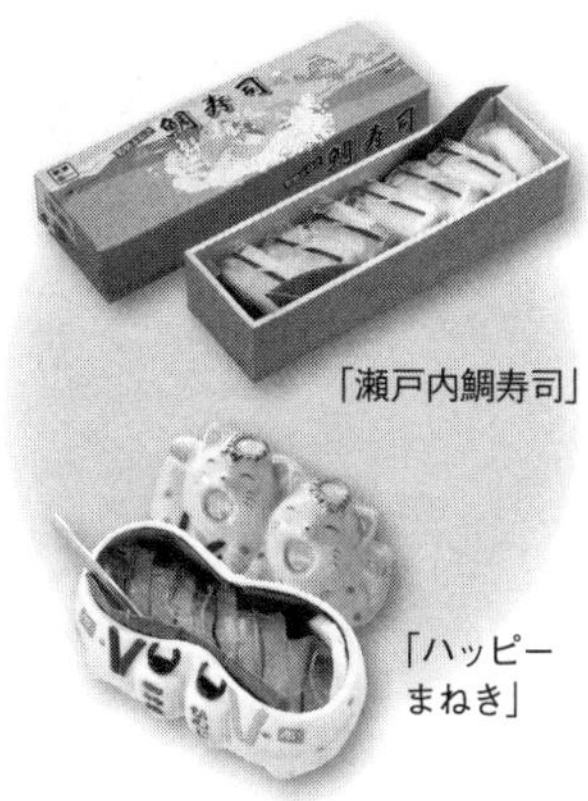

「瀬戸内鯛寿司」

「ハッピーまねき」

VS

「伊勢海老弁当」

VS

「桃太郎の祭ずし」

「伊勢海老弁当」を販売する伊豆急物産は、予約制で受け付けている伊勢海老弁当を駅弁大会で実演できないかと相談を受けていた。しかし、これは伊勢海老が1尾丸ごと入っているため、材料の確保が難しかった。そこで、半身を入れる新作駅弁を新たに開発しての参戦となった。伊勢海老を半分にする作業が力仕事で、夕方には職人の腕が上がらなくなるほど。それでも、目の前のお客様のために、と頑張っていたのだという。

「桃太郎の祭ずし」の三好野本店は第1回大会から出店している古参。しかし、しばらく輸送駅弁での参加が続き、約20年ぶりの実演での大会参加となった。「祭ずし」にはさまざまなバージョンがあるが、この回は桃太郎の故郷である岡山にちなんで、ピンクの桃型容器に入れた。「祭ずし」が誕生したのは1963（昭和38）年。お祝い事の時に食べる岡山の郷土料理「ばら寿司」をアレンジしたものだ。

対決の結果は、「瀬戸内鯛寿司」が制し、全体でも8位に入った。実力派のまねき食品が、おめで対決にぴったりの駅弁で招致に応えたのが見事にはまり、大きな勝因となったのだろう。

被災した駅弁業者が出店した震災後企画

いくら、ウニ、カニが詰まった
「北の祭弁当」

２０１１年３月には東日本大震災が発生。翌年の第47回大会では、検討されてきた企画を白紙に戻し、「がんばろう日本!東北駅弁特集」、「東北六魂祭特集」と題して、東北６県より14種類の駅弁をメインに据えて販売した。

地震、津波、原発事故が重なった大災害であったため、交通網が遮断された区間もあり、食材の手配に苦しみ、準備段階から思うように進まなかった。それでも京王は、自ら被災しながらも炊き出しを行って地元の人々の暮らしを支えた多くの駅弁業者を応援したい、との想いで企画を断行した。

特に津波の被害が大きかった三陸の岩手県宮古市からは、山田線宮古駅の「北の祭弁当」が出品した。調製元の魚元《うおもと》は、例年はウニとアワビの「いちご弁当」で大会に参加してきたが、この年はアワビの収穫が非常に少なく価格が高騰したため、90年に料理長のアイデアで開発した「北の祭弁当」による参戦となった。

料亭でもある魚元は海から700メートルほど離れており床下浸水にとどまったが、いけすが破損するなど少なからぬ被害を受けた。そんな状況にもかかわらず食材がなくなるまで炊き出しを行い、地域住民の生活を支援した。

また、同様に津波の被災地となった岩手県・三陸鉄道陸中《りくちゅう》野《の》田《だ》駅では、駅と村と国民宿舎えぼし荘が一丸となって新作駅弁「北三陸野田村 鮭いくら弁当」を開発し、「頑張れ！ローカル線」のシリーズ企画で参加した。地元食材中心に構成した駅弁だった。津波の後、養殖場が復活し、鮭も遡上したことから実現が可能

三陸産の大粒いくらと野田村で獲れた鮭の醤油漬けがたっぷりと入った「北三陸野田村 鮭いくら弁当」

になった。付け合わせも、あえて寒冷地で育てることで甘みを増した寒締めほうれん草のおひたしと、東北で親しまれている菊の花の酢漬けと郷土の食文化にこだわった。

地域活性化のため、えぼし荘では陸中野田駅と隣接する道の駅のだで、２０１１年春より駅弁を販売する予定だったが、震災で一度白紙に戻された。しかし不屈の精神で立ち上がり、駅弁大会で地元をアピール。販売ランキングでも６位に食い込み、復興の狼煙を上げたのだ。

駅弁のブランド化へ

２０１５年の第50回大会は、「海の三宝対決」がメインに据えられた。いくらとウニとカニといった、いずれも人気の食材の実演販売の競演となった。参加したのは、北海道・函館本線小樽駅「百花繚乱 いくら華吹雪」、岩手県・三陸鉄道久慈駅「うに弁当」、鳥取県・山陰本線鳥取駅「あったかかにしゃぶ風弁当」。

販売数では「うに弁当」が10位に入った。当時、久慈は２０１３年のＮＨＫ連続テレビ小説「あまちゃん」の舞台として人気が沸騰しており、「うに弁当」は昼前に売り切れることも多く、幻の駅弁と言われていた。ウニを搾ったエキスで炊き込んだご飯の上に蒸しウニがたっぷりと乗った、シンプルながら非常に贅沢な駅弁だ。

2016年の第51回大会は、「新幹線開業記念 沿線駅弁対決」として、15年に延伸開業した北陸新幹線から、石川県金沢駅「のどぐろと香箱蟹弁当」、W7系新幹線型の容器を使った富山県富山駅「源W7系北陸新幹線弁当」が出品。また、16年開業の北海道新幹線からは新函館北斗駅「大玉ほたてと大漁ウニ弁当」と、H5系新幹線型の容器を使った「北斗七星」が出品した。販売数では「のどぐろと香箱蟹弁当」が3位、「大玉ほたてと大漁ウニ弁当」が8位に入り、北陸の勝利となった。

このように駅弁対決に登場する弁当は、どんどんと内容が高度に専門化していく傾向があり、郷土の名物がブランド化する最前線に駅弁は立ってきた。

三陸リアス亭が販売する「うに弁当」

北海道キヨスク㈱が販売していた「北斗七星」

「にくの年」に、肉が極まる

２０１７（平成29）年、「にくの年」の第52回大会では、29都道府県から「肉駅弁」が集結。牛14種類、豚８種類、鶏６種類、鯨１種類というラインナップだった。

白ご飯の上に鯨のそぼろを振りかけ、その上に鯨カツと鯨の竜田揚げが乗る「ながさき鯨カツ弁当」

珍しい鯨肉の駅弁は、長崎県・長崎本線長崎駅の「ながさき鯨カツ弁当」。調製元・くらさきが開発した名物駅弁で、２００５年から長崎駅で販売されている。同社は鯨専門店であり、鯨三昧の仕様となっている。２０１０年には、ＮＨＫ大河ドラマ「龍馬伝」にあやかって、坂本龍馬が愛用した茶碗を復元した波佐見焼の器に入った限定駅弁がブレイク。駅、催事で連日売り切れとなるヒット商品となった。坂本龍馬は長崎で日本初の商社・亀山社中やその後継の海援隊を結成するなど、長崎にゆかりが深い人物だった。

対決テーマは「牛肉駅弁頂上対決」。メインとなったのは、新作の佐賀県・佐世保線武《たけ》雄《お》温泉《おんせん》駅「佐賀牛ロースステーキ＆カルビ弁当」、北海道新幹線新函館北斗駅「北海道肉敷きローストビーフ弁当」、島根県・山陰本線松江駅「島根牛すき焼き煮切り丼」。
それらに対して定番の牛肉駅弁である、岐阜県・高山本線高山駅「飛騨牛ローストビー

肉質のやわらかな佐賀牛のロースを使用したステーキと、自家製ダレで香ばしく焼き上げたカルビを贅沢に使った「佐賀牛ロースステーキ＆カルビ弁当」

焼肉からローストビーフ、ご飯、ポテトサラダに至るまで、すべて北海道の食材を使用した、ボリューム満点の「北海道肉敷きローストビーフ弁当」

スッポンだしに地元産の蜂蜜や醤油などを加えた煮切り汁を掛けると、ジューシーな旨みが広がるすき焼き風の「島根牛すき焼き煮切り丼」

フ使用 牛しぐれ寿司」、山形県・奥羽本線米沢駅「三味牛肉どまん中」が受けて立つ構図がつくられた。前者の調製元は金亀館《きんきかん》で、飛騨牛のローストビーフの旨みをわさび醤油が引き立て、上品な味わいのしぐれ煮を盛り込んだ。後者の米沢は「牛肉どまん中」でおなじみの新杵屋が販売。甘辛醤油味・塩味・味噌味の牛肉が同時に楽しめるようにした。

これほど肉をクローズアップした駅弁大会は過去になく、2017年は海鮮が主流だった駅弁に、肉の台頭を印象づける年となった。

「飛騨牛ローストビーフ使用
牛しぐれ寿司」

「三味牛肉どまん中」

３大駅弁大会のプライドを賭けた対決

２０１８年の第53回大会では、３大駅弁大会と称される京王百貨店・阪神百貨店・鶴屋百貨店のコラボレーションが初めて実現した、画期的な対決企画となった。テーマは新作「牛肉」駅弁対決だった。これは、３社それぞれの担当者が調製元とタッグを組んで開発した新作弁当の味を競い合うという趣旨。容器の大きさと長方形の形状、価格の１５００円を統一。対決期間は１～２月の間で連続して開催される３大会の合計、５週間だった。

京王が監修したのは、山形県・奥羽本線米沢駅「米沢牛伝統の百年焼肉弁当」。百二十余年の歴史を持つ調製元の松川弁当店が、味噌醸造元で創業約１５０年の老舗「平山《ひらやま》孫《まご》兵《べ》衛《い》商店」と、日本酒「雅《が》山流《さんりゅう》」などで知られる創業約１５０年の蔵元「新藤《しんどう》酒造店」とコラボ。創業１００年を

超える3社の英知の結晶であるプレミアム駅弁が登場した。

味噌と酒粕を独自に調合した味噌粕に米沢市名産の米沢牛を漬け込み、やわらかく仕上げた焼肉と、醤油ベースのタレには隠し味で、味噌と酒粕を加え、コクを出した牛肉をすき焼き風に仕立てて盛り付けた。お米は山形県産の「はえぬき」を使用した。

松川弁当店は、京王、阪神、鶴屋ともに実演販売をするのは初めて。林真人社長は「駅弁は本来、地産地消のもの。米沢牛を使い、調味料も米も地元産品にこだわった駅弁で米沢のPRがしたい」と抱負を述べ、社長自らが実演販売に立った。

阪神が監修したのは、兵庫県・東海道本線神戸駅「酒乃蔵 牛肉弁当」。阪神電車が走り調製元の淡路屋がある阪神間は、灘五郷と呼ばれる酒造りのメッカだ。地域の名物日本酒をフィーチャーし、近年の健康ブームで注目される発酵食品にスポットを当てた駅弁を提案したいと開発した。

蔵元「神戸酒心館」の銘酒「福寿」の酒粕を使用し、酒粕で味を調えた国産牛すき焼きと、酒粕を使ったわさび漬けを添えた国産牛ステーキを盛り合わせた自信作だ。容器は酒

の枡をイメージ。ご飯は素材の旨味が引き立つようにやや薄味に仕上げた醤油味の茶飯とした。淡路屋常務取締役(現・副社長)の柳本雄基氏は、「今回の企画は自分たちだけの戦いじゃない。駅弁業界の活性化につながる大きな試み」と熱い想いを抱いて参加した。

　鶴屋が監修したのは、鹿児島県・九州新幹線出水《いずみ》駅の「熊本あか牛と鹿児島黒毛和牛の牛肉めし」。余分な脂身が少ない甘みを持つ肉質の熊本あか牛と、和牛能力共進会で日本一の評価を受けた鹿児島黒毛和牛を使った駅弁。熊本あか牛は、備長炭で焼き上げ熊本の地酒「赤酒」配合の特製醤油ダレにワサビを添えた。鹿児島黒毛和牛は、甘めの鹿児島県産醤油と鹿児島の地酒「高砂の峰」を使った、甘辛いタレのすき焼きに。熊本の鶴屋と鹿児島の松栄軒《しょうえいけん》(調

製元）、それぞれの郷土愛が合わさった駅弁に仕上がった。

鉄板でジュウジュウと肉を焼く実演販売スタイルを早くに確立したのが、この松栄軒だ。松山幸右社長は「今回は九州代表としての出店。いつもと違う大きなプレッシャーがあるけど、面白い企画に闘志がみなぎる」とコメントしていた。

３社が競い合った結果は、鶴屋の優勝、京王が準優勝、阪神３位となったが、いずれも郷土の味覚を追求した力作だった。順位よりも駅弁大会という催しと、それを主催する百貨店が改めてその存在意義を互いに確認し合ったのが一番の成果と言えよう。売り上げは約５億８０００万円、販売数約27万個だった。

一折で4度おいしい駅弁が集合

さて、平成最後の2019年の第54回は趣向を変えて「四味食べ比べ対決」が実施された。これは、カニ、牛肉、アナゴといった人気の食材を使用して異なる調理法や味が楽しめる、折箱を4つに区切った〝一折で4度おいしい〟駅弁を集めた企画だ。

カニは北海道・宗谷本線稚内《わっかない》駅「食べくらべ四大かにめし」。2013年の第48回「贅沢三昧 えび・かに対決」で初登場し、王者「いかめし」に次いで実演の販売個数が2位に食い込んだ人気駅弁だ。日本最北の駅弁業者である稚内駅立売が手掛けていた。タラバガニ、毛ガニ、ズワイガニ、花咲ガニと4種類の食べ比べができるカニ尽くしの弁当だ。

牛肉は山形県・奥羽本線米沢駅から新杵屋の「味くらべ牛肉どまん中」がピックアップされた。2016年には定番の特製ダレに、塩ダレ、味噌ダレをプラスした「三味牛肉どまん中」が登場したが、今回はそれに加えてカレー味を追加しバージョンアップ。

アナゴは兵庫県・山陽本線姫路駅「四味 穴子重」。これはアナゴを使った駅弁では定評のある、まねき食品の新作だった。同社が1949（昭和24）年から手掛けている、和風だしに中華麺を合わせた姫路駅の名物である「えきそば」のだし汁で炊き上げた、オリジ

醤油味・塩味・味噌味・カレー味が一度に楽しめる「味くらべ牛肉どまん中」。中央のおかずは玉子焼きと桜漬け大根

ナルのご飯を使った酒蒸しアナゴのあなご飯と炙り煮アナゴのあなご飯、１尾分を盛り付けた焼きアナゴのちらし寿司、刻みアナゴのいなり寿司といった、異なる４種の調理法のアナゴが楽しめる意欲作だ。

結果は、牛肉、カニ、アナゴの順となったが、それぞれ販売数で２位、３位、５位と全てトップ５に入る大健闘となった。

令和は企画盛りだくさんで幕開け

2020年の第55回大会の名物対決特集は、5種のカニ駅弁がメイン。新作牛肉駅弁、黄金の駅弁、復刻駅弁がサブとして組まれた。カニや牛肉をクローズアップしたのは、前年の販売数をふまえて人気を確信していたというのもあるだろう。黄金の駅弁は、2020年に開催予定だったオリンピックの「金」メダルを意識した企画だ。

近年は対決企画も出尽くしてきて、複数組まれるようになってきた。しかも、東西対決のような単純なものではなく3社以上が絡むケースが多く、京王もいかに目新しさを出すかに苦慮している。

●老舗に挑んだ新作カニ駅弁

カニ駅弁は左の写真のとおりで、5種のうち4つが北海道、残りの1つが北陸の駅弁。南北海道では森駅の「いかめし」と並び称される長万部名物「かなやのかにめし」に、いずれも新作の残り4社がどこまで迫れるかが見どころだった。

北海道・根室本線釧路駅
「釧祥館ちらし」

タラバ・ズワイ・花咲、3種盛りの豪華さが受けた

北海道・函館本線旭川駅
「ずわい華御膳」

錦糸卵といくら醤油漬けが散りばめられ、ズワイの棒肉が贅沢に盛られた

北海道・函館本線長万部駅
「かなやのかにめし」

カニの足をイメージした甘辛のシイタケが乗る長万部名物

福井県・北陸本線福井駅
「がんばれ！かにめし」

カニのダシで炊き込んだご飯に紅ズワイとズワイの身をたっぷり盛り付け。濃厚なカニ味噌が添えてある

北海道・函館本線小樽駅
「焼ずわい蟹弁当」

香ばしく焼き上げたズワイの棒肉と爪肉が乗り、海鮮シューマイや厚焼玉子も添えてある

「かなやのかにめし」は1950（昭和25）年に誕生した、かにめしのロングセラーで、第4回・第5回の京王駅弁大会では「いかめし」を破って販売数1位にもなっている。内容的にも、北海道でよく見るような酢飯にカニの身をほぐして乗せたスタイルとは全く異なるユニークな商品だ。カニの身をタケノコと一緒に水分がなくなるまで炒って香ばしさを引き出し、カニのエキスを凝縮。見かけの派手さこそないが、白いご飯に合うように試作を重ねた、他社では真似できない老舗の味が魅力だ。

元々は夏場しか獲れない毛ガニの保存のために考案されたレシピだという。毛ガニは従来市場で売れる価値がなく厄介者とされていたが、戦後の食糧難の時、かにめし本舗かなやの前身である長万部駅構内立売商会が、毛ガニを茹でて提供したところ、評判となった。そこで通年商品として駅弁を開発することになり、かにめしが誕生。現在では毛ガニが獲れなくなってきたために、カニの種類がズワイガニに変更されている。

対決の結果は、「釧祥館《せんしょうかん》ちらし」が全体の6位となり、対決企画では優勝。「かなやのかにめし」は拮抗したが全体の7位で、対決では2位だった。「がんばれ！かにめし」が全体の9位で、対決で3位に入った。

「がんばれ！かにめし」は当初調製元である番匠《ばんじょう》本店の試作では棒状のカニ肉が乗った

希少なザブトンのステーキ、赤身のローストビーフ、柔らかいロース肉のすき焼きが盛り付けられた「佐賀牛ザブトンステーキ・ローストビーフ・ロースすき焼き弁当」

絶大な人気を誇る「牛肉どまん中」に、ピリ辛の焼肉とビビンバがプラスされた「ビビンバ牛肉どまん中」

だけのものだったが、京王との協議で最終的にカニの爪・脚・味噌まで入った賑やかな駅弁へと改良されたのが、成功した要因だろう。

●東西対決の新作牛肉駅弁

新作牛肉駅弁は、山形県・奥羽本線米沢駅「ビビンバ牛肉どまん中」と、佐賀県・佐世保線武雄温泉駅「佐賀牛ザブトンステーキ・ローストビーフ・ロースすき焼き弁当」の対決で、それぞれヒット商品、新杵屋「牛肉どまん中」、カイロ堂「佐賀牛すき焼き弁当」を擁する東西両雄の新作の競演となった。結果は、どちらの駅弁も高評価で、カイロ堂が全体の３位、新杵屋が全体の４位に入った。新作牛肉対決もカニ対決と同じく、カイロ堂の商品が３種盛りと肉の食べ比べができるのが勝因だった。

●人気駅弁を格上げした黄金の駅弁

黄金の駅弁対決も全て新作。兵庫県・山陽本線西明石駅「黄金のひっぱりだこ飯」、兵庫県・山陽本線姫路駅「五色穴子の輝弁当」、秋田県・奥羽本線大館駅「金の鶏樽めし」が競った。それぞれ人気駅弁の「ひっぱりだこ飯」「あなごめし」「鶏めし弁当」をバージョンアップした。3作のうちで1位になったのは、全体の10位に入った「黄金のひっぱりだこ飯」だった。金塊をイメージした栗の盛り付けや、金をイメージしたトビっこや金ゴマが入ったイメージづくりが上手くいった。

タコ壺が輝く「黄金のひっぱりだこ飯」。ちなみに「金があるなら銀も」ということで「銀色のひっぱりだこ飯」も新作で登場した

●ご当地名物の復刻駅弁

復刻駅弁は、名古屋駅「復刻版 とり御飯」と米沢駅「復刻版 米沢牛肉すきやき

弁当」が登場。すきやきの方が全体の8位に入った。調製元は第53回の人気駅弁大会3店舗合同企画で華々しく京王デビューした松川弁当店で、同じ米沢駅の新杵屋「牛肉どまん中」には負けられないと頑張った。内容はご飯の上に甘辛く炊いた米沢牛が乗り、糸こんにゃくやシイタケなど、すきやきの定番具材の煮物が入っている。

元々、京王は米沢に牛肉の名物弁当があると聞きつけ、松川弁当店を訪ねたが断られ、手ぶらでは帰れないと、当時駅の正面にあった新杵屋を訪ねた経緯がある。松川弁当店がその時断ったからこそ、「牛肉どまん中」が広く世に出たのだ。何がきっかけで成功するのか、運命のいたずらもあり得る。

とり御飯は炊き込みご飯に鶏と卵のそぼろが乗り、名古屋名物の1つであるチューリップ状の手羽先も、揚げ物でなくて煮物ではあるが入っている、ご当地弁当だった。

この他、対決企画以外では催事ではめったにない「峠の釜めし」の店内調理が5年ぶり2回目の復活。「いかめし」に次ぐ全体の2位に入る、さすがの人気を示した。

ローカル線応援企画では、千葉県・銚子電気鉄道犬吠《いぬぼう》駅の「鯖《さば》威《い》張《ば》る弁当」が輸送で初登場。サバの水煮の炊き込みご飯に、サバの塩焼きを乗せただけというシンプルながらもインパクトある、銚子電鉄の「ぬれ煎餅」や「まずい棒」で稼ぐサバイバル術を体現したような駅弁だ。サバも米も銚子産、調理は地元の居酒屋「祭りばやし」という、地元が結束した味を提案した。

これまで見てきたように、京王百貨店駅弁大会は華である対決企画をメインに打ち出して、百貨店催事でも全国トップクラスの集客を誇る一大イベントに上り詰めた。

しかし、その威光も2010年代後半には各地方のB級料理フェスの隆盛、東京駅「駅弁屋 祭」のような駅弁専門店の台頭もあって陰りが見えてきた。

そうした中で、にくの年、3大駅弁大会コラボ、四味食べ比べと、従来の素材のお題に沿った対決とはひと味違う、捻った企画で顧客を繋ぎ止めようと工夫し、5億〜6億円規模の売り上げを維持。一定の成果を出したと言えるだろう。

そして令和最初には、盛りだくさんな企画が組まれ、270種類を超える駅弁が集結した駅弁大会として、2020年は平穏に会期を終えた。

まさかこの後、京王のみならず全国の百貨店が休業を余儀なくされ、催事の自粛や縮小に追い込まれるとは想像だにできなかった。

大会の意義が問われたコロナ禍

新型コロナウイルスの感染拡大を受けて、２０２０年4月から5月にかけて戦後日本の憲政史上初の緊急事態宣言が発令され、京王百貨店も自粛の要請により休業を余儀なくされた。例年ならこの頃から翌年の大会の企画が動き始めるのだが、どうにもならない状況に追い込まれた。

緊急事態宣言期間が終わり、百貨店が再開してからも、「感染拡大が続く中、果たして駅弁大会を開催して良いものか、葛藤があった」と、駅弁大会を手掛ける京王百貨店新宿店の堀江英喜統括マネージャーは振り返る。

しかし、このままでは郷土の味を守れなくなると、駅弁業界からの悲鳴が堀江氏の耳に次々と寄せられていた。

斜陽な業界を盛り上げてきた駅弁大会

そもそもコロナ禍前から、駅弁業界は斜陽であった。

ＪＲの駅で駅弁を販売する駅弁業者を束ねる、日本鉄道構内営業中央会の会員数は昭和30年代には５００社を超えていたが、令和に入る頃には１００社を切るまでに減少した。２０００年頃でも２００社くらいあったので、半減している。

業者の統合も進んでいて、たとえば北海道の旭川駅立売商会は、釧路駅の釧祥館と稚内駅の稚内駅立売を傘下に収めて、旭川駅立売商会グループを形成している。四国の松山駅にあった駅弁業者の鈴木弁当店、高松駅の駅弁業者だった高松駅弁は、共に経営難で消滅したが、本州の岡山駅の三好野本店がレシピを継承して製造している。

「駅弁業者で伸びているところは少ない。駅で売れているのは幕の内弁当だが、列車の高速化で駅は素通りされるようになった。幕の内を駅で売るだけでは経営が難しくなった」と、堀江氏は語る。安価な弁当ならコンビニやスーパーで誰もが手軽に買える現代では、平凡な幕の内を駅で売っても勝ち目がない。拠点駅のホームに列車が長い時間停まり、乗客が窓を開けて立ち売りの駅弁屋から購入する風景は、今もごく一部では残ってはいるが、ほぼ過去のものとなってしまった。幕の内をメインに販売してきた家族経営の駅弁業者が、後継者もなく経営者の高齢化を理由に廃業していくのは、時代の趨勢として仕方がないのだろう。

京王百貨店新宿店　堀江英喜統括マネージャー

「幕の内は地域の特色が出ない。そこで、カニならカニ、牛肉なら牛肉の一点に絞った『特殊弁当』を大会に出品することで独自色をアピールしてもらった。東京の百貨店で駅弁を販売するのはステータスになり、テレビの取材も入る。駅弁大会で名前を売って、駅弁目当ての観光客に地元に来てもらうことで、地域に還元できる。地元の人たちも、テレビで紹介されることで駅弁を買いに来る」と、堀江氏は駅弁大会が生み出す地域活性のダイナミズムを力説した。観光に来る駅弁ファンと、地元の駅弁ファンの間に交流が生まれるのが、駅弁大会の波及効果であり、駅弁が地域活性のメインコンテンツとなり得る理由なのだ。

大手業者と零細業者の二極化

駅弁の「郷土代表のうまいもの」としてのブランド力・発信力は、駅弁大会によって形成され定着してきている。しかし、京王・阪神・鶴屋のような有名駅弁大会に出店する業者は拡張していくのに対して、出店したくても人員が割けない零細の業者はどんどん廃業。有名駅弁を有する大手業者と、零細駅弁業者の間の格差が年々開いて二極化しているのだ。

家族経営で細々と駅弁を販売している業者であっても、内容的に光るものがあり、ぜひ駅弁大会に出店してほしいと京王がオファーしたとする。1日に駅でせいぜい数十個を販売していた駅弁を、駅弁大会となると数百個から1000個くらいをつくらなければならなくなる。ロットがあまりにも違いすぎて、どうにも対処できないのだ。当然、大量の弁当を製造するための材料を用意できないし、人手も足りないと断念してしまうことになる。

中小零細のキャパ不足の問題を解決するために、京王では出店者をサポートする仕組みを持っていて、レシピに基づいて駅弁を作ってくれる協力会社を確保している。だが実際は、秘伝の味を他人が再現するのは難しいだけでなく、協力会社に企業秘密のレシピを開陳するのは冒険に過ぎると考える経営者もいる。そこを粘り強く説得するのが駅弁担当の腕だ。ところが駅弁業者の先細りで、口説きたくなる魅力的な業者が年々少なくなっているのが実情だ。

駅弁大会に出店して然るべき業者はほぼ出尽くしてしまって、目玉になるような新しい駅弁を発掘するのが難しくなってきた。

このような中マンネリを避ける工夫で、55回大会で見たように、京王駅弁大会の常連に新作を開発してもらって、大会が腕試しのテスト販売やプロモーションの場となっていくケースが増えてきている。業者のほうから新作の実演ができないかと、売り込んでくるケースも多い。駅弁大会開催の意義も、有力業者による「新作駅弁コレクション発表」がメインになってきているのだ。

瀕死の業界を支え、ファンの期待に応えるために

このように斜陽にある駅弁業界が、さらにコロナ禍で大打撃を受けた。旅行の需要が極端に落ち、駅やドライブインで販売する駅弁のニーズもほぼ消失してしまった。冬に催事

に出店することで年間の売り上げを保ってきた面もあるので、駅もそれ以外の販路も絶たれたという状況で、中には売り上げの9割以上を失う駅弁業者もいた。

駅弁大会を中止して瀕死の業界を見殺しにするとどうなるか。駅弁文化が失われることは、地方の衰退を招くこととなり、大きな禍根を将来に残すことになる。

「緊急事態宣言が出ている中であっても、何とか今まで一緒にやってきた駅弁業者の方たちの力になれないか、駅弁大会に期待されているお客さんにも応えたいとの思いがあった」と堀江氏は述懐する。非接触を徹底した新しい生活様式を取り入れた大会を実現できれば、感染リスクをゼロに近づける方法はあるはずだと、構想が固まっていった。どうすれば開催できるのかを具体的に模索し始めたのは8月の終わり頃からだった。

当初は実演は最小限にとどめて、輸送駅弁に絞るプランも浮上した。地方に打ち合わせに行こうにも、東京のみは感染状況が落ち着かず、7月22日から始まった旅行代金の35％が割引となる「ＧｏＴｏトラベル」キャンペーンからも9月まで除外されていた。その状況では地方に出張をして出店交渉ができる雰囲気ではなく、新しく実演をしてくれる業者を引っ張ってくるのが難しかった。輸送駅弁でも、人気の駅弁が大行列にならないように、入場制限のプランニングをしていった。駅弁大会を毎年楽しみにしているファンの期待に応えるべきだと、京王社内のコンセンサスが形成されていった。

京王百貨店は、これまで駅弁ファンの声を大切にしてきた。

たとえば人気駅弁ベスト10の常連となった、北海道・根室本線厚岸《あっけし》駅の「かきめし」だ。

京王の実演に初登場したのは１９９６（平成８）年と比較的新しい。小さな家族経営の駅弁業者である氏家待合所《うじいえまちあいじょ》が、毎年実演ができるように態勢を整えて、再度実演を行ったのは２００５年で、９年の歳月が流れた。その間ずっと、「かきめしがもう一度食べたい」というファンの声が多数寄せられていた。

厚岸駅は過疎とモータリゼーションが進む道東の駅の中では１日の乗客数が多いほうだが、それでも２０１９年で１２７人となっている。この乗客数では、駅弁を駅で売るだけでは経営が成り立たない。

氏家待合所は厚岸駅が開設された１９１７（大正６）年の創業で、駅前食堂を経営すると共に駅で駅弁を販売してきたが、２０１１年に駅構内での販売を終えている。事前予約をすれば駅のホームまで届けてくれるサービスを行っていて、駅で販売するスタイルを残してはいるが、現状は「駅前弁」となっている。

そもそも「かきめし」が誕生したのは1960（昭和35）年で、食堂のまかないとして食べていたかきのご飯を、駅弁にしてほしいとお客さんから望まれて、三代目の氏家康彦氏が商品化している。氏家氏は、お客さんの要望に応えて「かきめし」を駅で売り、駅弁大会でも売った。顧客の声をよく聞いて、駅弁大会によって広く世に出て成功した駅弁業者の1つだ。

「かきめし」はカキ等の煮汁とヒジキでご飯を炊き、カキ、ツブ貝、アサリといった海の幸と、フキ、シイタケ等の山の幸を盛り付けている。カキは秘伝のタレ、その他の具材も氷砂糖や水飴を使うなどそれぞれに調味料を使い分けて、飽きのこない味に仕上げている。一度購入した人がリピートする率が高いのも「かきめし」の特長で、森駅「いかめし」、米沢駅「牛肉どまん中」、横川駅「峠の釜めし」のようなトップ10の常連も皆、厚いリピーター層を抱えている。

「かきめし」に限らず、京王の駅弁大会はこれまで、駅弁業者と駅弁ファンに支えられて回数を重ねてきたのだ。実演をするにしても、これまでのような対決企画で盛り上げて行列をつくるのではなくて、駅弁文化を振り返り、「駅弁業者がんばれ」と応援することをメッセージとして伝える、特別な大会とする方針で固まった。

ネット予約も冷凍駅弁も好評

方針が固まれば急ピッチで準備が進められた。

会場は通常1フロアのところ、社内で調整して3つのフロアに拡張してソーシャルディスタンスを確保。休憩所の椅子やテーブルを廃止し、通路は広く確保した。

また、初めてインターネットで実演・輸送駅弁などの予約を受け付ける試みを行った。ネット予約に関しては、仙台の百貨店・藤崎と大阪の阪神百貨店が先行していたので、直接訪問して教えを乞い、試行錯誤して始めた。京王百貨店のネットショッピングサイト内に「駅弁大会専用サイト」を設置。冷凍駅弁も込みで65種類の駅弁の事前予約と決済ができるようにした。また、店頭で予約分を渡す会場をつくり、会期中に商品を受け渡す試みを行った。予約駅弁の受け渡しは密にならないよう時間を区切り、駅弁を受け取りに来るだけならば、東京都心部の新宿にある百貨店に足を運ぶ抵抗感も薄れるだろうと踏んだのだ。

ネット予約は予想外に多くの注文が入り、いきなり約2000万円の売り上げを叩き出し、アフターコロナの駅弁の販売方法を考える上で大きな希望となった。リピーターが大半を占める人気の駅弁は、ネットの受注販売で一定の数がはけるので、今後も混雑を避ける駅弁の売り方として定着しそうだ。

会場に来ずとも駅弁大会を楽しんでもらえるように、ネット通販では冷凍弁当も取り扱い、思った以上の反響があった。冷凍弁当はコロナ禍によって急速に需要が拡大していて、近年の冷凍技術の進歩により、味の向上が目覚ましい。保存性の高さから将来的な伸張が見込まれる。

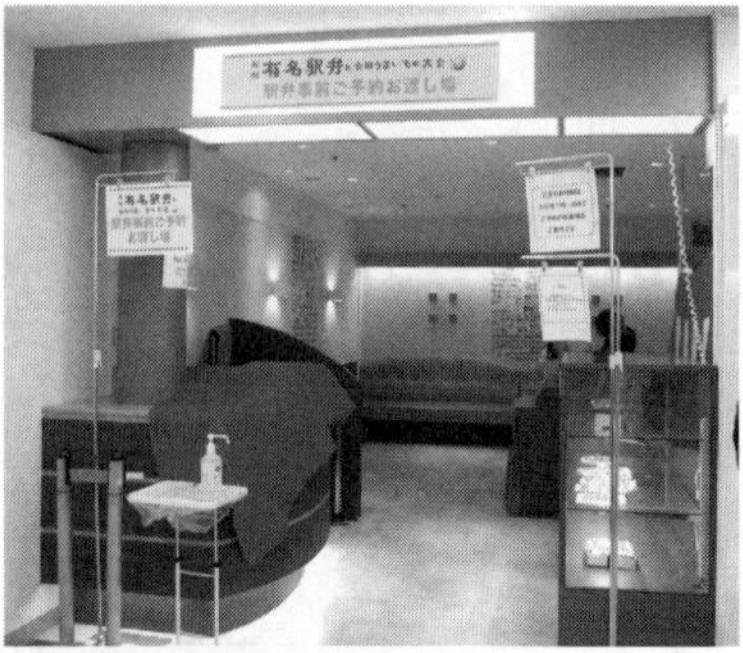
事前予約の受け渡し場

入場口と退場口は分けられた

結局は、56回大会では通路を広く取るため出店数を7割ほどにとどめ、実演も例年の7割ほどの30社が出店。ちょうど2回目の緊急事態宣言期間中の開催となって、売り上げこそ例年の約半分にとどまったが、駅弁のネット販売や冷凍販売に広く道を拓く意義深い駅弁大会となった。

がんばろう！駅弁

鰹を竜田揚げ・おろし煮・フレークと3種の調理法で盛り付けた「常磐線全線開通記念 鰹づくし弁当」

では、駅弁業界を盛り上げる一助となることを目指した、〝がんばろう！駅弁〟をテーマに開催された56回大会の詳細を見ていこう。メインは「常磐線復旧記念特集」で、その他「駅弁ひとり旅コラボ掛紙特集」、「明治創業！老舗駅弁屋の新作特集」が実施された。

東日本大震災により路線が途切れていた、JR常磐線の福島県富岡駅と浪江駅の間が20年3月に9年ぶりに繋がり、全線復旧を果たした。それを祝しての企画が「常磐線復旧記念特集」だ。2種類の駅弁がピックアップされた。

1つ目は、茨城県・水戸駅「常磐街道味めぐり」。調製元・しまだフーズの新作で、仙台名物の牛たん、福島県の地鶏である川俣シャモの塩麹焼き、茨城県の常陸牛を甘辛く煮たしぐれ煮と、常磐沿線のうまいものを散りばめた沿線の魅力を伝える弁当だ。

もう1つは、福島県・いわき駅「常磐線全線開通記念 鰹づくし弁当」。地元の駅弁業者が撤退していた、いわき駅の駅弁復活に2015年より取り組む小名浜《おなはま》美食ホテルが、20年3月より販売している新しい駅弁だ。福島県の漁業がまだ完全に復興していないので、茨城県産を使用した。

継続企画「特急列車ヘッドマーク駅弁」も、常磐線にスポットを当て特急列車、寝台特急列車3種と、それ以外の路線から人気の3種の計6種を販売した。

駅弁業界にエールを送る趣旨で組まれたのが、「駅弁ひとり旅コラボ掛紙特集」だ。鉄道や駅弁に詳しいフォトジャーナリストの櫻井《さくら》寛《いかん》氏が監修し、はやせ淳氏が作画する『漫画アクション』（双葉社）で連載されている人気グルメ・鉄道紀行漫画の「駅弁ひとり旅」と初のコラボが実現。「駅弁ひとり旅」に登場するキャラクターが描かれた掛け紙を使用した駅弁を初特集した。

3種あり、そのうち2種が新作。新作の1つ目は兵庫県・山陽本線姫路駅「福盛 いくらがけ穴子めし」で、「あなごめし」のまねき食品が製造する。表面を軽く炙って醤油ダレをかけたアナゴにいくらの醤油漬けをトッピング。意外とめったに見られないアナゴといくらの組み合わせが楽しめる駅弁だ。

もう1つは、鹿児島県・九州新幹線出水《いずみ》駅「鹿児島黒毛和牛 黒豚競演 牛すき焼きと黒豚炙り焼豚弁当」。鹿児島の食材にこだわる松栄軒が提案。肉づくしの弁当だが、付け合わせにも薩摩揚げなど鹿児島の特産を使っている。

旧作は、松阪駅の加熱式駅弁（写真・上）が販売された。

あら竹の「松阪でアッツアツ牛めしに出会う!!」は作中にも登場するコラボ駅弁。黒毛和牛のロースが豪快に乗った牛めしで、紐を引き抜くと加熱する容器を使用し、温かい状態で食べられる

櫻井氏の推奨する駅弁を、鉄道や現地の風景と共に紹介するフォトパネル展も同時開催し、旅行に行った気分を味わえる演出を行った

「明治創業!·老舗駅弁屋の新作特集」は、古くから地元に密着してふるさとの味を発信してきた老舗駅弁業者の、今も衰えない新しい味の追求への意欲をフィーチャーした企画だ。

この企画で実演初参加となったのが、新潟県・上越新幹線、信越本線長岡駅「越後長岡喜作辨當」で知られる、明治20年創業の池田屋。そのほか、「越前かにめし」が著名な明治35年創業の番匠《ばんじょう》本店、明治45年から全国的に人気が高い「ますのすし」を販売するますのすし本舗源、明治36年創業の「ひっぱりだこ飯」でヒットを飛ばした淡路屋が出店した。

出店した駅弁は左の写真のとおり。いずれも工夫を凝らして、旅行気分が高まる贅沢な仕様となっているのが印象深い。一例を挙げれば、神戸牛だけを使った駅弁が1600円で出せるのは、新型コロナで観光が振るわずホテルや高級レストランで消費する食材が余っているからでもある。56回大会は老舗駅弁業者が技術を活かして高級食材の弁当を安価で提供した、駅弁ファンにとってはお得な大会にもなった。

新潟県・長岡駅「越後ニャがおか あふれ海鮮かんぴょう巻寿司」

魚沼産コシヒカリを使ったかんぴょう巻の上にサーモンの刺身、イクラ、カニのほぐし身をふんだんに盛りつけた贅沢感ある駅弁

福井県・福井駅
「越前かにすしセイコガニ盛り」

紅ズワイガニほぐし身、イクラ、錦糸玉子をご飯に乗せたちらし寿司に、国産セイコガニの棒肉、カニの卵巣やカニ味噌も加わったカニづくしの駅弁

富山県・富山駅
「富山の春色 蛍いかの釜飯」

春に北陸の富山県と石川県でしか販売しない「蛍いかの釜飯」をリニューアルし、海鮮ダシの炊き込みご飯に富山湾のホタルイカ、マスヒレ煮物、栗の甘露煮、ワラビ、菜の花、コゴミなどの山菜を盛り付けた華やかな春の味覚

兵庫県・神戸駅
「神戸ビーフ 肉めし」

ロングセラーの「肉めし」をアレンジして神戸牛を使用。カレー風味のご飯の上に錦糸玉子が敷き詰められ、牛肉が乗っている

21年の干支は丑ということで「干支の牛肉駅弁特集」も5種類提案された。ピックアップされたのは、山形県・米沢駅の両雄、米沢牛を使った松川弁当店「米沢牛 炭火焼肉弁当 極」、新杵屋「三味牛肉どまん中」をはじめ、名古屋駅の松浦商店が手掛ける「松阪牛ローストビーフとすき煮弁当」、佐賀県・武雄温泉駅のカイロ堂「佐賀牛サーロインとランプステーキ&すき焼き弁当」、三重県・松阪駅のあら竹の「松阪名物黒毛和牛 モー太郎弁当」。いずれも和牛を使った高級感ある弁当で、松浦商店とカイロ堂は新作だった。

蓋を開けるとメロディが流れる
「松阪名物黒毛和牛 モー太郎弁当」

２０１５年からの継続企画の「第56回大会記念！特製どんぶり企画」は、福井県・北陸本線小浜駅「御食国若狭 海鮮鯖づけ丼」が登場。駅弁では珍しく生ものを使い、国産寒サバを特製の調味液に漬けたづけに、越前ガニ、ウニ、イクラ、イカ、サーモンを盛り付けた新作の駅弁。調製元の若廣《わかひろ》は実演販売初登場だった。

また、「ミスター駅弁」の異名を持つ、日本鉄道構内営業中央会事務局長を務めた沼本忠次《ぬまもとただつぐ》氏が推奨する６種類の駅弁も「ミスター駅弁のおすすめ駅弁！」として特集された。ラインナップは、秋田県・奥羽本線大館駅「鶏めし弁当」、石川県・北陸本線金沢駅「のどぐろと香箱蟹と甘えびの三昧弁当」、北海道・函館本線小樽駅「海の輝き」、鳥取県・山陰本線鳥取駅「かにづくし弁当」、山梨県・中央本線小淵沢駅「高原野菜とカツの弁当」、新潟県・信越本線新津駅「のどぐろ天麩羅と海老づくし弁当」。

さらに56回大会では「駅弁グッズ」が初めて特集されている。オリジナルのエコバッグ、駅弁Tシャツ、カプセルトイの駅弁フィギュアコレクションなどが販売された。

例年の半分くらいの準備期間で、これだけ盛りだくさんの内容の駅弁大会が開催できたのは、京王の伝統の底力、そして駅弁の魅力を発信して何としても売り上げを取り戻そうという駅弁業者の気迫が勝ったからだ。55回までの対決企画の蓄積があってこそ、56回特集が実現できた面があった。

オファーを続けてきた長岡駅の池田屋が実演で初めて出店したり、小浜駅の若廣も実演に初登場して生ものに挑戦したりといった、サプライズが見られたのもさすがだった。

それに加えて先述したとおり、会場に来なくても楽しめるようにと、ネット販売による受注販売、冷凍駅弁の販売にも道を拓いた。

感染リスクを減らす工夫をしながらの駅弁大会開催は、駅弁業の振興と、駅弁業者の事業の持続可能性を担保しようという強い心意気を見せつけた。

集客的には売り上げが半減したのだから、56回は数値だけ見れば成功したとは言い難いが、感染症のリスクと共存する新しい生活スタイルに対応した駅弁大会の形、叩き台を示した。その意味で未来への架け橋となる大きな一歩を踏み出したと言えるだろう。

Column

駅弁はなぜ、高いのか？

今はもう死語になったが、かつて「駅弁大学」という言葉があった。戦後、毒舌で鳴らしたジャーナリストの大宅《おおや》壮一《そういち》が、国や自治体が都道府県の県庁所在地など地方の中心都市に総合大学を造っていたことを揶揄したもので、大学が安っぽくなったと嘆いたのだ。

その頃駅弁は、国鉄の優等列車、特急や急行の停車駅には必ずと言っていいほどあって、ありふれたものだった。内容も似たり寄ったりの幕の内弁当やおにぎりを主力に売っていて、今のような郷土色にあふれた高付加価値の弁当というイメージではなかった。長距離を移動するには列車くらいしか方法がなく、お腹が空いたら駅弁を食べるしかなかったので、高額であってもたとえ凡庸な内容であっても、飛ぶように売れたのだ。

ところが本文で記したように、列車の高速化でホームでの立ち売りが厳しくなり、大都市を除いて交通手段のメインが自動車にシフトしていくと、ありきたりな駅弁を売っていたのでは商売が成り立たなくなってきた。そのようなタイミングで１９６６（昭和41）年に京王百貨店が駅弁大会を始め、あえて幕の内弁当を排除して郷土色の強い、マス・カニ・アナゴ・牛肉のような素材に特化した駅弁を並べて、駅弁のイメージを変えた。これが受けて、駅弁大会や物産展が盛んに百貨店で開かれるようになった。国鉄、民営化後のＪＲ各社も郷土色の強い駅弁を開発するように奨励した。

駅弁には、地方の食材を使って冷めてもおいしく食べられる工夫が凝らされている。たとえば新杵屋の「牛肉どまん中」は山形の代表米「はえぬき」をあえて使わず、駅弁に向く「どまんなか」が用いられる。崎陽軒の「シウマイ」はホタテの干貝柱を入れて、出来立てでないとおいしくないと言われる点心の常識を覆した。コレクターも多い各社の掛け紙や、「峠の釜めし」で使われる陶器のような特殊な容器などが、唯一無二の価値となっている。トータルとして駅弁は「郷土の味代表」のイメージを形成している。食中毒を防ぐためのＪＲの衛生に関する検査も厳しい。だから高く売れるのだ。

チェーンの弁当店では、主に安価な輸入食材を使い、ほかほかのご飯を入れる。電子レンジで温めるのを前提とするコンビニやスーパーの弁当も、レベルは上がっているが価格重視だ。これらは日常に食べる弁当で、非日常の旅の気分を味わう駅弁とは明確に区別される。

ところで、コンビニのミニストップから「駅弁風弁当」が2021年1月より毎月2品が月替わりで販売されている。これはコロナ禍で外出、旅行の自粛が続く中、非日常への欲求が高まっているとして発売。駅弁の良さである「温めなくてもおいしい」、「具材にもこだわった」弁当をコンビニ価格、599円で提供するとしている。同年9月の「駅弁風あなごめし」は炙りアナゴと煮アナゴ2種類が味わえ、焼きのうえの「あなごめし」と、煮た広島駅弁当「夫婦あなごめし」のエッセンスを生かしたようだ。まさにミニストップの駅弁への認識は、現在の駅弁の世間の印象、立ち位置を表している。大宅がもし今の駅弁を見たならば、「駅弁大学」は全く違った意味になっていただろう。

第3章

挑戦を続ける、郷土の味

大会に依存しない駅弁業者の躍進

第2章で述べてきたように、京王をはじめとする駅弁大会の成功によって、大会で名前を売った駅弁を各地の催事で販売するルートが成立。鉄道の高速化、モータリゼーションの進展、不採算路線の減便や廃線などの要因が後押しする形で、駅弁業者が全国の百貨店で開催される駅弁大会や物産展を行脚して駅弁を売るというビジネスモデルが一般化した。

このビジネスモデルの構築によって、駅で売れなくなっていた駅弁の販路は催事をメインとするように変更され、駅弁は郷土の代表として認知されていった。このビジネスモデルが最も嵌《はま》ったのが、北海道・森駅「いかめし」のいかめし阿部商店であろう。

しかし、全ての駅弁業者がこのモデルをなぞって発展したわけではない。駅弁大会を活用しながら独自のビジネスを構築した業者、駅弁大会に参加しないで成功を勝ち得た業者も存在するのだ。そうしたユニークな事例として、いずれ劣らぬ全国的に著名な群馬県・横川駅「峠の釜めし」の荻野屋、神奈川県・横浜駅「シウマイ弁当」の崎陽軒、兵庫県・神戸駅「ひっぱりだこ飯」の淡路屋がある。

シウマイ

山間で釜めしを売りまくる！　荻野屋の場合

荻野屋が製造販売する「峠の釜めし」は、駅弁大会では必ず売り上げの上位に入る駅弁だ。しかも、同社は早くからモータリゼーションを見込んでドライブインを開設して、観光バスの需要を取り込んだ。近年も、「ＧＩＮＺＡ ＳＩＸ」が開業すると同時に出店して東京都心部の需要を開拓するといったように、時代の変化に合わせて販売スタイルを常に変えていく、柔軟な発想を持った駅弁業者だ。１日の乗客数２００人程度でしかない横川駅を拠点としながら、コロナ禍前は、１日平均で８０００個を販売する、常識的には考えられない結果を出し続けていた。

地道な努力と柔軟な発想でヒット

荻野屋が誕生したのは、信越本線の横川駅が開業した１８８５（明治18）年。現存する日本の駅弁業者では最古とされる老舗だ。横川駅前に本店を構え、調製元として駅構内で

横川駅の目の前にどっしりと構えられた「荻野屋 横川本店」

の販売を始めた。当初は、おにぎり2個にたくあん2切れを添えた、非常にシンプルな「おむすび」の駅弁だった。

しかし、信越本線の拠点駅である、高崎駅と軽井沢駅に挟まれ、両駅の駅弁に埋もれがちで、どこにでもあるような幕の内のような駅弁では太刀打ちできない状況であった。横川駅は険しい碓氷峠を超えるために、補助する機関車を連結・切り離しをするために停車する群馬県側の駅で、峠の先は長野県側の軽井沢駅となっていた。そのため、1時間近くと長い停車時間があった。「特急が釜めしのために横川に停まっている」と、まことしやかな噂も流れたが真相は異なる。

戦後、1951（昭和26）年に荻野屋の4代目社長に就任した高見澤みねじ氏は、ジリ貧の状況を打開して駅弁を売るために、列車がホームに停車している間に、どんな駅弁が食べたいのかを乗客に聞いて歩いた。今で言うところのマーケティングリサーチだ。結果、「地域の名物が食べたい」「温かいものがほしい」の2点に集約された。だが、横川に名物と言えるほどの特産物はない。保温性のある駅弁の実現は、さらに困難に思われた。

そんな時にちょうど、栃木県の名産、益子焼の窯元・つかもとが新開発の土釜を駅弁の容器に使わないかと売り込んできた。つかもとは土釜を百貨店からの提案でつくってみたが不採用の企画になり、在庫を抱えながら用途を懸命に模索していたのだ。

何に使うのだと、面談に応じた各社が採用に尻込みしていたが、高見澤社長だけは違った。土鍋に入った駅弁は聞いたことがない。横川に名物がないのなら、新しくつくってしまえばいい。土釜は保温性も高く余熱でじっくりと風味を料理に染み込ませるから、味も良くなる。しかも、土釜に山の幸をふんだんに使用した釜飯を入れると、イメージとして素朴な山郷をイメージさせる。こうして、群馬の山間の家庭的なふるさとの味を表現した「峠の釜めし」が誕生したのだ。厳選したコシヒカリを自家精米して、利尻昆布と秘伝のダシで炊いたご飯を採用。具材は、国産の若鶏、シイタケ、ゴボウ、タケノコ、栗、杏、ウズラの卵、グリーンピースといったラインナップとし、ご飯の上にぎっしりと敷き詰めた。

横川駅

こうして「峠の釜めし」は1958（昭和33）年に横川駅に登場するが、地域の駅弁を管轄する国鉄の高崎鉄道管理局は、乗客が食べ終わった陶器を窓から捨てる恐れがあるという理由で、難色を示した。しかし、当時の横川駅の駅長が「峠の釜めし」を試食したところ、「これは横川の名物になる」と非常に気に入り、後押ししてくれた。そのおかげでようやく、駅弁として日の目を見た。

ところが、「峠の釜めし」の当時の値段は120円。かけそば1杯25円ほどの時代で、5倍近い価格だったので、購入のハードルが高かった。また、重い陶器は、首から四角い木箱を下げる駅弁販売のスタイルになじまず、売り子からの評判も悪かった。

しかし、同年9月号の雑誌『文藝春秋』の旅のコラムに掲載されたことで人気に火が付き、信州への列車旅に欠かせないアイテムとして急速に認知が広まって、ヒット商品となった。大量に売れるので木箱で売るスタイルでは捌けなくなり、結果的に台車に乗せて運ぶように売り方も改善された。

横川本店の真向かいの「おぎのや資料館」では、かつて使用されていた販売台車など、昔懐かしいさまざまな展示品が無料で見られる

大会を利用しながら、先見の明でドライブインに注力

１９６１（昭和36）年には、横浜高島屋の駅弁大会に出店。以降、京王をはじめ数多くの駅弁大会に出店して好評を博している。催事で実演販売をあまり行わないことでも知られており、京王でも２０１５年と２０２０年の2回しか実現していない。当日の朝に製造して、現地に輸送するのが基本だ。土釜に入っているので、荻野屋では保温性に自信を持っている。雪に閉ざされた冬は信州方面への旅行は激減する。冬の駅弁の売上減を、駅弁大会が補ってくれるので、荻野屋としても駅弁大会への参加は、年間の売り上げを安定させるのに大きなメリットとなった。

62年、旅行での移動が鉄道から、観光バスやマイカーに移行するモータリゼーションの進展に備えて、横川駅のすぐそばを通る国道18号線沿いに「峠の釜めし　ドライブイン（現在の横川店）」をオープンした。ドライブインが普及する前に、ロードサイドを席巻した札幌味噌ラーメンチェーン「どさん子」の創業が61年だから、それより1年遅れただけだ。モータリゼーションが本格化する前から、ドライブインの経営に注力して駅弁が駅で売れなくなる時代に備えた先見性は称賛される。物珍しさから店の前に渋滞ができるほど

横川店

賑わったという。

このようにドライブインと駅弁大会の2本柱を構築した荻野屋は、群馬県の山間の乗車数が少ない横川駅を拠点としながらも「峠の釜めし」を売りまくる。この特異なビジネスモデルは世間からも注目を集めるようになった。67年には、高見澤氏をモデルとしたドラマ「釜めし夫婦」が池内淳子主演でフジテレビ系で放映され、「峠の釜めし」の人気は日本全国に広く浸透した。

北陸新幹線（高崎～長野間）が１９９７（平成9）年に開通して、横川駅がローカル化した信越本線の群馬県側の終点になっても、それほどの危機感はなかったとのことだ。すでに駅での駅弁販売はわずかになっていたからだ。今でも駅での販売を続けているが、横川駅の２０２０年の１日の平均乗車数

横川店の休憩所

は165人に過ぎず、それだけでは経営が成り立たないのは明らか。それに対して、ドライブインの横川店は約600人を収容する休憩所、カフェ、土産売場も備えている。むしろ近年は、軽井沢・佐久平・高崎・安中榛名・東京・新宿・上野といった駅に販路を拡大していて、横川駅での販売以上の実績を上げている。

ドライブインでは、横川の他、諏訪、軽井沢インターに店舗を有しているが、97年にオープンした長野店はコロナ禍での観光バスの減少が響いて2021年8月末に閉店した。高速道路のサービスエリアでは、上信越自動車道の横川（上り線、下り線）と東部湯の丸（下り線）、中央自動車道の諏訪湖（上り線、下り線）にて販売しており、車の長距離移動の中心が一般道から高速道路に移っても機敏に対応している。

新しいファンを生む取り組みあれこれ

鉄道旅行をする人が減り、若い人を中心に「峠の釜めし」の知名度が落ちてきていることから、2014年からはローソンと提携して、期間限定のおにぎりなどを発売している。

2017年には、銀座松坂屋跡に建設された「GINZA SIX」に出店。歌舞伎座で舞台を鑑賞する人やお土産として求める人に、「峠の釜めし」がよく売れている。他にも「上州牛ステーキ弁当」、パエリア、ピラフなどの「世界の釜めしシリーズ」などさまざまな弁当を販売している。荻野屋では首都圏で法人向けの会議用弁当、ロケ弁当も受注しているが、そのためのショールームの役割も果たしている。

低温でじっくり焼き上げ2種類のソースを使った「上州牛ステーキ弁当」

コロナ禍の中でも、荻野屋の新しい挑戦は続く。2021年3月に、JR有楽町駅高架下の商業施設「エキュート エディション」にイートイン併設型の新店「荻野屋 弦」をオープン。都道府県の境を越えて旅行がしづらくなった中、東京と群馬、長野を結ぶことをテーマとした。「峠の釜めし」などの伝統的な弁当に加えて、有楽町の限定品として上州牛のイチボを乗せた釜めしを売り出した。

また、「荻野屋 弦」の夜は立ち飲みの業態になり、釜めしに使う食材などをあてに地酒などを楽しめるようになっている。21年夏には「峠の釜めし」の容器にかき氷を入れた「峠のかき氷」を発売して話題になった。

高架下のアーチが弓型のため、「弦」の店名が付けられた

２０２０年10月〜12月にはＷｅｂ予約限定でアニメ映画「劇場版『鬼滅の刃』無限列車編」とコラボした「無限列車駅弁〜峠の釜めし〜」を全５種類発売。21年６月〜７月には、「シン・エヴァンゲリオン劇場版:||」とコラボして、エヴァンゲリオン初号機カラーを表現した益子焼陶器を使った「峠の釜めし エヴァンゲリオン初号機ＶＥＲ.」を販売した。このようなコラボ企画にも積極的に取り組んでおり、新しいファンの獲得に意欲を見せている。

独自路線を行く！　崎陽軒の場合

横浜駅はＪＲのみならず、東急電鉄、京浜急行電鉄、相模鉄道、横浜市営地下鉄といった各社路線が集中する巨大ターミナル。ＪＲ東日本でも、新宿、池袋に次ぐ3番目に乗客数の多い駅だ。その横浜駅の構内売店の営業を、１９０８（明治41）年から続けているのが、崎陽軒だ。創業者の一人である久保久行氏は四代目の横浜駅長だった人物で、ＪＲの前身である国鉄との関係も深かった。崎陽軒の広報担当者によると崎陽軒の名称は、久保氏が長崎の出身で、出島に来航する中国商人が長崎を崎陽と呼んだことに由来するという。

ヒットは「駅弁が売れない駅」から生まれた

崎陽軒は名門駅の駅弁業者として、東京近郊の巨大な人口・乗客数に支えられて順調に歩んできたように見えるかもしれない。

ところが、かつての横浜駅では駅弁は売れなかった。創業時は乗客に寿司、牛乳、サイダーなどを販売していた。1915（大正4）年からは駅弁も扱ったが売り上げは芳しくなかった。東京駅に近すぎて、長距離列車に乗る人に駅弁の需要がほとんどなかったためだ。

今でこそ、横浜は異国情緒が漂う港町のイメージを活かした多くの名物が販売されているが、幕末の開港で急速に発展した新興の当時の貿易都市・横浜は名物に値するものが何もなかった。そこで苦境を乗り切るために、久保氏の娘婿であった初代社長の野《の》並《なみ》茂《も》吉《きち》氏が名物がないなら新しくつくり出せばいいという発想で、当時南京街と呼ばれていた横浜の中華街で突き出しとして、お酒のアテに出していた焼売《しゅうまい》に着目。お土産として買っていく人もいたことから、名物になり得ると考えた。

野並茂吉氏

ところが焼売のような点心は、蒸し立てを熱いうちに食べるからおいしい。製造から時間が経って冷めてから食べる土産物には不向きだった。そこで野並氏は、冷めてもおいしい焼売という、およそ点心の常識を覆す商品の開発に取り組んだ。開発のために招かれた南京街の点心師の呉《ご》遇《ぐう》孫《そん》氏も、あまりの無理難題に1年ほど試行錯誤した。結果的に、一晩水に浸けて寝かせた干帆立貝柱と戻し汁を入れ、臭みの取れた豚肉の旨みが引き立つ焼売ができた。そして、列車の揺れる車内でも落とさないように、ひとくちサイズの大きさにした。こうして、冷めてもおいしく食べられる画期的なシウマイが完成したのは、1928（昭和3）年のことだった。

ちなみに崎陽軒の焼売はシウマイと表記するが、これは野並氏の出身地である、栃木弁の発音に由来するという。また、広東語でもシウマイの発音に近く、後付けで旨いに掛けているとも言われる。また、崎陽軒の弁当は、水で炊飯するのでなく、水蒸気を使う蒸気炊飯方式を採用している。もちもちとした食感に炊き上がり、冷めても旨みが失われない。駅弁が冷めた弁当であるにもかかわらず、コンビニの弁当よりもはるかに高額で売れるのは、このような高度な技術が随所に採用されているからだ。

赤い制服にタスキを掛け、シウマイが入った籠を持つ「シウマイ娘」

しかしシウマイが本格的に売れるようになったのは、戦後になってからだ。1950（昭和25）年に敗戦の暗い雰囲気を一掃して、世の中を明るくしようと「シウマイ娘」という駅のホームでシウマイを売るキャンペーンガールを投入。「シウマイはいかがですか?」と車窓から車窓へと売り歩いた。その「シウマイ娘」が面白い、かわいいと評判となり、「毎日新聞」に掲載された獅子《しし》文六《ぶんろく》の新聞小説『やっさもっさ』の題材として取り上げられた。映画化もされ、シウマイが一躍脚光を浴びた。

シウマイのヒットを受けて、満を持してシウマイ弁当が54年に発売され、「シウマイ娘」の波及効果でこれも売れた。

55年にはシウマイの箱に入れるひょうたん型の磁器の醤油入れに、漫画家の横山隆一が目鼻を描いてくれることになり、いろは48文字にちなんで48通りの絵柄が誕生。「ひょうちゃん」と名付けられた。「ひょうちゃん」には熱烈なコレクターも多く、シウマイの人気はさらに上がった。

シウマイの名脇役「ひょうちゃん」(初代)。箸置きとして使う人もいる

横浜駅が「駅弁が売れない駅」から脱却してヒットを生み出すまでに、50年近くの歳月が費やされた。

今、日本で駅弁を最も売っているトップ3の崎陽軒、荻野屋、いかめし阿部商店に共通していることがある。それはまず一つは、有力駅に近いために駅弁の販売に苦労していたという点だ。高崎駅と軽井沢駅に挟まれた横川駅の荻野屋も、函館駅に近い森駅のいかめし阿部商店も、駅弁を販売するのに適した立地の駅弁業者でなかったということは注目に値する。さらには、これといって名物がない土地に新しく名物を生みだした、という点でも共通する。売るために苦心せざるを得ない状況と、ないものをつくり出そうという意欲があってこそ、ヒットが生まれるのだ。

独自の販売ルートで名物としての認知を獲得

崎陽軒が、デパ地下などの百貨店や駅ビル、横浜駅以外の駅に販路を拡大したことは、1964（昭和39）年の東海道新幹線の開通が大きく影響した。それまで、全ての優等列車が停車していた横浜駅を新幹線は素通り、市街地から外れた場所に新横浜駅が開業し

中華と南イタリア料理の２つのレストランを有する「戸塚崎陽軒」

た。横浜駅が東京・大阪間の鉄道旅行のメインルートから外れたため、危機感を持って出店を重ねた。その結果、首都圏一円に崎陽軒の強固な販売網が構築され、横浜名物のシウマイが首都圏の住民にとって身近になったのだ。

現在は約１５０の直営店を持ち、中華などのレストランも８店を有する。崎陽軒がほとんど駅弁大会に参加しないのは、このような独自の販売ルートを開拓してきたからでもある。イレギュラーな催事よりも常設店という考え方だ。２０２１年２月期の年商は約１７８億円となっている。

顧客が街に出ないなら、顧客の住むところに近づく

崎陽軒もまたコロナ禍で、2020年春の緊急事態宣言以来、駅や百貨店に来る人が激減した影響で、最大に売り上げが減った月で前年より6割ほども減少した。

ところが、郊外にある店舗では健闘していて、コロナ禍が始まる前の前々年を上回る売り上げに達しているケースが多かった。そこで、顧客に崎陽軒に来てもらう従来のやり方から、崎陽軒のほうから顧客に近づく戦略も取り入れた。20年9月から車が停められるロードサイドへと、出店を加速している。

2021年7月現在、新たに出店したロードサイド店舗は戸塚・市沢・座間・逗子・綱島（以上神奈川県）、荻窪（東京都）、川口（埼玉県）と7店あって販売は順調だ。コロナ禍では、公共交通を使うよりもマイカーでの移動のほうが感染リスクが低いと考える人も多く、広い駐車場を持つ食品スーパーやドラッグストアが活況という背景がある。

商品ラインナップは、駅弁各種、シウマイ、月餅や肉まんなどの点心にとどまらず、「ひょうちゃん防御フィルター入りハイドロ銀チタン®マスク」などのオリジナルグッズを販売。

「おうちで駅弁シリーズ チャーハン弁当」は冷凍商品で一番の売れ筋

また、2020年8月に通販限定で発売して人気を博した冷凍弁当の「おうちで駅弁シリーズ」4種、同年9月に発売した「チーズシウマイ」などといった冷凍商品も、ロードサイド店で販売している。冷凍商品は21年に入っても、通販やロードサイド店を通して前年の2倍の勢いで売れている。

現地の食文化に合わせて海外進出

もう1つの崎陽軒の新しいチャレンジは、海外進出。2020年8月、駅弁文化がある台湾の台北市に「台北駅店」を出店した。

中華圏では冷めたご飯を食べる習慣がないので、温かい駅弁を販売するのが、日本と異なる大きな特徴だ。日本の店舗では見ない蒸し器を設置し、温かいままのシウマイを提供している。やがて海外でも、冷めてもおいしいがコンセプトのシウマイを、冷めたまま購入する日が来るのか、食文化の違いがどこまで許容されるのか、興味深い。

オープン初日には行列ができるほどの人気だったが、値段は台湾の平均的な弁当より2倍くらい高い。そもそも台湾の駅弁はファストフードのような商品で、ご飯の上に醤油ダレで味付けた骨付き豚肉などをさっと乗せたような感じのものなどが人気だ。崎陽軒が台湾で定着して2号店、3号店と出店を重ねていけるのか、期待したい。

台湾版「シウマイ弁当」には日本のものとほぼ同じ具材が入っている

台湾版「昔ながらのシウマイ」に入っている台湾版「ひょうちゃん」

老舗とはいえベンチャー気質！　淡路屋の場合

１９９８（平成10）年に明石海峡大橋の開通を記念して発売した「ひっぱりだこ飯」で知られる淡路屋は、卓越したアイデアで駅弁界に新たな視点を提供する、ベンチャー精神に溢れた社風が魅力だ。

「人気が出るように」という願いから名付けられた「ひっぱりだこ飯」は、タコ壺を模した特徴のある陶器に、明石名産のタコ、穴子、季節の野菜を敷き詰めたもの。願いのとおり、累計生産個数が１４００万個に達したヒット商品だ。

「容器の蓋」がバカ売れ

「ひっぱりだこ飯」を食べ終えた後の陶器は、花瓶、漬物入れ、小物入れ、金魚鉢などさまざまな用途で使われている。陶器の口は掛け紙で覆い、紐で縛ってあるので蓋は付いてない。

タコの頭を掴んで持ち上げる斬新なデザインの「ひっぱりだこの蓋」

2021年1月には、なんとその蓋だけを440円で販売した。初回分の5000個を1週間もかからないうちに完売。緊急事態宣言が発令されて旅行需要が落ち込む中、ユニークな発想で駅弁業界に明るい話題をもたらした。

柳本雄基副社長によれば、蓋つきの「ひっぱりだこ飯」は2019年からちょこちょこ販売していたが、壺が溜まっている人から「蓋だけでええねん」との声を受けていたとのこと。元々は4月10日の駅弁の日に発売される予定だったが、「コロナ禍で駅弁が忘れられそうなので、前倒しして販売した」（柳本副社長）のがズバリ当たった。話題づくりと商売の上手さに感心させられる。

関連商品として、ひっぱりだこの珈琲カップ

「ひっぱりだこの珈琲カップ」はソーサー付き

コロナ禍に「おうち飲み」を盛り上げようと発売した「ひっぱりだこのお猪口」

やお猪口《ちょこ》もあり、ネット通販でも販売していて、話のネタにちょっと購入してみたくなる人も多いのではないだろうか。

主流から外れた素材で名物をつくりだす

淡路屋の創業は明治時代に遡り、多くの駅弁業者と同様に古い。元々は大阪の曽根崎新地で料亭「淡字」を営んでいたが、初代の寺本秀次郎氏が駅弁に進出、転業した。1903（明治36）年に大阪駅を拠点にして、阪鶴《はんかく》鉄道（現・JR福知山線）で弁当の車内販売を始めた。翌年には兵庫県の池田駅（現・川西池田駅）、翌々年には兵庫県の生瀬《なまぜ》駅でも駅弁の販売許可を得た。また、宝塚では食堂やダンスホールを経営していた。

1911（明治44）年には武庫《むこ》川《がわ》で獲れた鮎を姿造りの押し寿司にして、魚の形の折に詰めた「鮎寿司」を発売。ご当地駅弁の走りの1つとして、好評を博した。

戦後1945（昭和20）年には、国鉄からの要請で生瀬駅から神戸駅に移転。神戸駅で駅弁を販売していた業者が太平洋戦争で亡くなってしまい、一家が断絶して再開できなかったので、淡路屋に白羽の矢が立ったのだ。しばらくは幕の内弁当を中心に販売してきたが、65年には「肉めし」を発売し、神戸名物と言われるほど評判になった。当時はまだ、駅弁の主流は幕の内、そうでなければカニ、マスなどの海産物を使ったもので、牛肉メインは珍しかった。

今も定番商品の「肉めし」

牛のモモ肉の塊を7時間タレに漬けて火を通し、薄くスライスしてバレンシアライスの上に乗せた。よく誤解されるが、ローストビーフを使っているのではない。2021年1月にリニューアルして、現在は黒毛和牛を使った商品となっている。

1998（平成10）年には、先述したように、新発売した「ひっぱりだこ飯」が連日完売と評判になって、従来の牛めしのイメージからタコめしのイメージへと看板商品が入れ替わり、企業のカラーが変わった印象だ。

2000年前後には牛肉の駅弁がどんどん誕生して飽和してきて、海産物でカニ、マス、エビ、アナゴ、牡蠣、イカに代わる新たな商材の出現が求められていた。淡路屋は、地元・明石の名産であったタコに着目して、見事に駅弁の新境地を開いたのだ。タコめしの駅弁は「ひっぱりだこ飯」の人気・知名度が圧倒しており、競合もない状況になっている。名産のタコという商材のセレクトが確かであったことと、明石が発祥と言われるタコ壺を想起する陶器の容器であったことから、郷土の食文化を強く訴えかける名物としてのイメージも確立した。

危機感をもって出店を重ねる

1972（昭和47）年には山陽新幹線の新神戸駅開業につき出店。同時にそごう神戸店に出店し、この後、百貨店やさまざまな駅に出店していくのは、崎陽軒と事情が重なる。神戸駅も新幹線のルートから外れ、長距離の鉄道旅行の拠点ではなくなってしまった。やはりその危機感が、背景にあっただろう。

2021年7月現在で、駅の直営店は神戸駅・新神戸駅・西明石駅・芦屋駅の4店。百貨店、ショッピングセンターでの直営店は、阪神百貨店本店・高島屋大阪店・大丸神戸店・神戸阪急店・西神中央駅ショッピングセンターに設けている。直営は神戸と大阪に限られるが、この他、販売委託されている駅は、大阪駅・新大阪駅・京都駅・東京駅・千葉駅・城崎温泉駅・広島駅・岡山駅・博多駅で、販売網が広がっている。

地域の特産を世に広める協力も

１９８４（昭和59）年に、淡路屋は日本初のワインのボトルが入った弁当、「神戸ワイン弁当」を発売している。これはワインを飲みながらステーキを味わってもらおうといった趣旨で企画され、販売するためにわざわざ酒類の流通免許も取った。

神戸ワインは、神戸ビーフに合う神戸特産のワインをつくり出して、裏六甲の農村地帯の産業を振興するという神戸市の取り組みから、１９８４年に生まれた。タイムリーな話題にも敏感だ。「神戸ワイン弁当」はワインによる地域振興の一端を担ったと言えるだろう。

日本初のワイン付き弁当「神戸ワイン弁当」。
国産牛のステーキ、テリーヌ、ピクルス入りのサラダやバレンシアライスなど、ワインの味わいを引き立てる内容だった

日本初の加熱式弁当を開発

数ある淡路屋のアイデア商品で忘れてはいけないのは、１９８７（昭和62）年に開発された、日本初の加熱式弁当「あっちっちスチーム弁当」だ。駅弁の冷めたイメージを払拭するのが狙いで、弁当の下に発熱体を設置し、蒸気を生じさせて温める仕組みになっている。紐を引っ張るだけで温まる簡便さが魅力だ。

日本酒のお燗機能付き缶と原理は同じで、加熱式弁当はお燗機能付き日本酒缶が発売された3年後に登場して、大きな反響を呼んだ。この技術はフクビ化学が持っていて、竹筒に石灰を入れて水に沈め、温まった水にウナギが集まってくる習性を利用して捕獲する漁法が日本の田舎にあって、それを参考に開発されたそうだ。スチーム発生容器は、すきやきやアナゴの弁当に使われている。

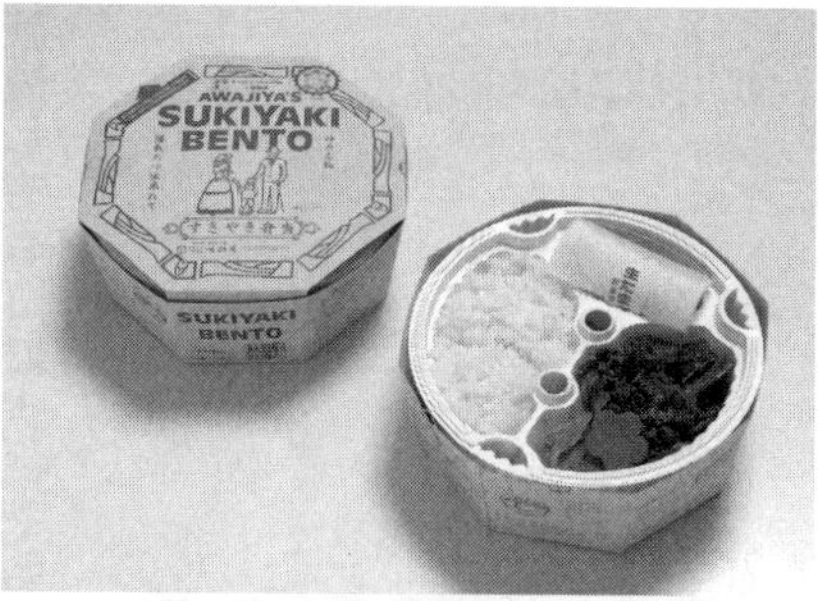

「あっちっちすきやき弁当」。石灰と水の化学反応によりジェットスチームのような水蒸気で加熱される

被災してもコロナ禍でも、とにかく動き続ける

1995（平成7）年に、淡路屋は阪神・淡路大震災で被災した。しかし壊滅的な被害は免れ、1週間後には営業を再開。避難所や復旧作業員向けの給食を日産2万食提供して復興を支えた。ちょうど京王百貨店駅弁大会が開催される1月だったが、3日遅れで参加し、全国の駅弁業者を勇気付けた。

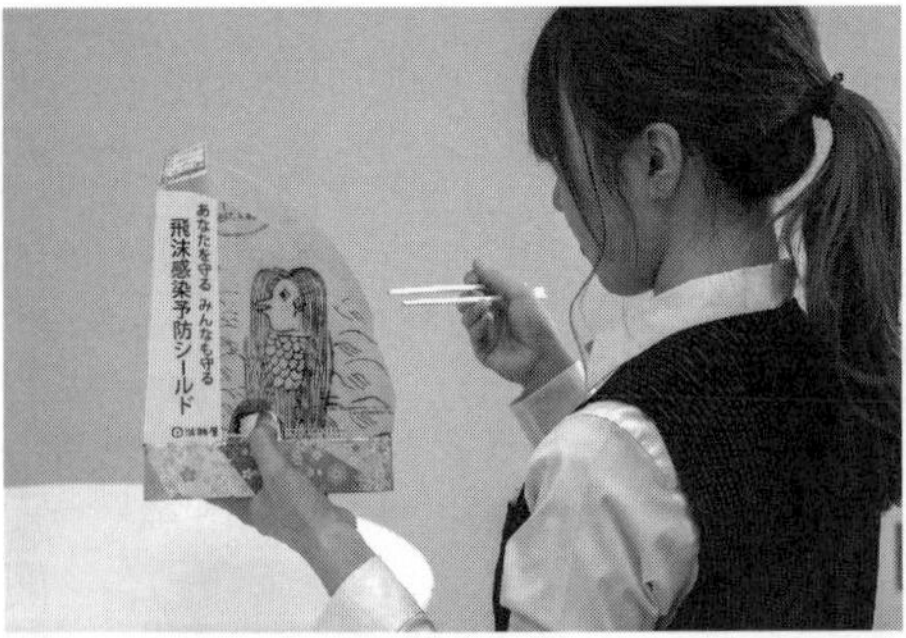

シールド部にはアマビエが描かれる「シールド付き弁当」

　この苦しい中でも「とにかく動き続ける」という姿勢はずっと貫き通されている。

　コロナ禍の2020年5月には、神戸の酒蔵、「福寿」の蔵元である神戸酒心館で駅弁をドライブスルー販売。冷凍弁当などのオンライン通販で、送料無料のキャンペーンも実施した。同年8月には飛沫予防の「シールド付き弁当」を発売するといったように、苦境を耐え忍ぶだけでなく、積極的に動いて少しでも売り上げが取れる

新しい駅弁土産店「駅弁市場」

工夫を行っている。コロナ禍にあっても新しいニーズを探り当てようとする、淡路屋の負けない姿勢には学ぶ点が多い。

２０２１年７月には、神戸市内ＪＲ三ノ宮駅の高架下に22年３月までの期間限定で「駅弁市場」を出店した。これは、淡路屋の駅弁のみならず、全国の駅弁業者が販売するお土産を現地に行かずとも購入できるショップだ。開業時は、秋田県・大館駅の花善、山梨県・小淵沢駅の丸政、富山県・富山駅の源、鹿児島県・出水駅の松栄軒の駅弁グッズをはじめ、各地の駅弁をプリントした駅弁Ｔシャツ、駅弁フィギュアも販売。全国の駅弁情報の発信基地を目指すとのこと。これまで駅弁が注目されるような取り組みを続けてきただけに、志が高い。

スーパー用弁当を新開発

ちなみに、2020年8月は「シールド付き弁当」発売だけでなく、スーパー向けの弁当も受注して販売し始めている。コロナ禍で売り上げが大きく落ち込んだため、新たな販路を模索して、地元・神戸のスーパー「トーホーストア」を経営するトーホーと提携。健康に配慮したシニア世代向けの4種類の弁当を共同開発して、週に3回、火曜と土曜と日曜に、全36店で販売している。弁当の内訳は「6種の野菜を入れたすきやき弁当」「十穀米と焼き魚弁当」「和風二色弁当」「たこめし弁当」でいずれも税抜きで680円。これとは別に味付けご飯だけで6種類を販売している。

淡路屋の駅弁を、トーホーストアで試しにゴールデンウィーク期間中に売ってみたところ、予想以上の反響があった。そこで、継続的に駅弁を販売すると共に、もっと日常的に買いやすい弁当を、と新しく開発することにした。顧客はステイホームで巣ごもりする中で、旅行に行けない寂しさを駅弁を買うことで昇華させている面もある。駅や百貨店の催事に行けなくても、身近なスーパーで駅弁が並んでいれば、喜んで買い求めるのだ。

「駅弁はハレの商品なのに対して、ケの商品を出そうと、企画を練った」と柳本副社長。

通常のスーパーの弁当よりは高めの価格ながら、駅弁の雰囲気が漂うことが受けて好調に売れている。

トーホーストアとコラボした弁当。手前から時計回りに「たこめし」、「あなごめし」、「ちらし寿司」、「とりめし」、「牛めし」

次々と新しい商品を開発する副社長の柳本氏。コロナ禍真っ只中の取材時、「コロナ禍で余裕がない時も、楽しむしかないという気持ちでやっている」と話していた

ひたむきに発信を続ける

新竹商店の挑戦

新竹商店（あら竹）は三重県松阪市の代表駅で、ＪＲ東海の紀勢本線・名松線、近畿日本鉄道山田線が乗り入れる松阪駅の駅弁業者だ。日本初のメロディーが鳴る駅弁「モー太郎弁当」でも知られている。

１８９５（明治28）年創業の老舗で、駅構内の売店や、駅前の商店街にある本店で駅弁を販売している。１９６９（昭和44）年には三重県内の国道42号線ロードサイドに「ドライブインあら竹」をオープン。そこには「元祖特撰牛肉弁当」を松花堂風にアレンジした「駅弁御膳」などの食事が取れるレストランのほか、駅弁やお土産物が買える名産品の売店もある。

かつて三重県には伊勢市駅、四日市駅、亀山駅にも駅弁があったが、すでに駅弁業者は廃業してしまった。観光資源の豊かな三重県だが、駅弁はあら竹だけ。あら竹で駅弁を購入してから、伊勢神宮をお参りしたり、夫婦岩に行ったり、真珠博物館まで足を延ばしたりと、あら竹は伊勢志摩観光のルートの一部にもなっている。あら竹の駅弁はまさに三重県の観光資源の一つになっているのだ。

そうなったのも、あら竹の積極的な情報発信の成果が大きいだろう。あら竹は、「松阪に行ってあら竹の駅弁を食べようと思ってもらいたい」という思いで、かねてより情報発信を大切にしている。今から15年ほど前に、駅弁業者の中でもいち早くホームページを開設。8年ほど前にはフェイスブックも始めていて、頻繁に投稿するなど、デジタルツールを使った発信に力を入れてきた。現状はツイッターに毎日投稿しており、SNSを通してファンとの交流を深めている。

本店の前に立つ新竹浩子社長

その日頃からの積極的な交流と、新竹浩子社長の元気な人柄もあってか、コロナ禍に入る前は、わざわざ途中下車をしてやってくる熱心なファンも引きも切らずで、休日には行列ができるほどだった。

しかし、新型コロナウイルスの感染拡大で一変。松阪駅から観光客が消失してしまった。1日の売り上げが最低3000円にまで落ち込んだ。

そこでこの苦しい状況を打開するため、通販サイトをリニューアル。新竹社長によれば「日本一楽しいお取り寄せグルメを目指した」というほどの意気込みで臨んだ。その結果、2020年の年商は前年の35％ほどにまで縮小したが、通販の販売額が10倍になり、全ての売り上げの2割を占めるほどに伸張した。

通販といっても商品をただ送るだけにしないのが、あら竹のこだわりだ。手書きの「モー太郎からのメッセージ」、「あら竹からの写真付きお礼状」、「モー太郎ぬりえ」がもれなく付くサービスを行っており、段ボール箱にモー太郎のイラストを張り、箱を開けたらメッセージカードが目に飛び込んでくるような演出にも工夫を凝らしている。

ギフト需要を開拓するため、誕生日、結婚記念日、母の日、父の日などプレゼントの趣旨によって、ぴったり合ったメッセージを用意しており、きめ細かいサービスを行っている。

そのほかにも、松阪市の文化財である本居宣長記念館や、現在の三井グループの創業者である三井高利の生誕地である三井家生誕地など、松阪観光のパンフレットが商品と共に詰め込まれており、松阪を旅した気分で、駅弁が食べられる。

また、1万円以上を購入すると、非売品である名松線のミニ写真集も特典として付くといっ

たくさんのパンフレットを詰め込んで、松阪の魅力を伝えている

たサービスを行っている（21年8月現在）。

通販の取り扱い商品は「モー太郎弁当」、「特撰牛肉弁当」、「松阪牛物語」などといった、あら竹の人気駅弁ばかりでなく、「牛肉そぼろ煮」、「牛肉しぐれ煮」といったご飯のお供、「松阪牛カレー」のレトルト、「松阪牛せんべい」まで豊富なラインナップとなっている。グッズ類も、駅弁のあら竹クリアファイル、アクリルキーホルダー、マウスパッドなどがある。

弁当の種類ごとに、一番おいしく食べるための温め方について詳しい説明が付いているというのも、気配りが行き届いている。

あら竹は創業してからしばらくは、おにぎり、助六といったラインナップで、特徴のある駅弁を出しているわけではなかった。しかし日本初の牛肉駅弁の発売

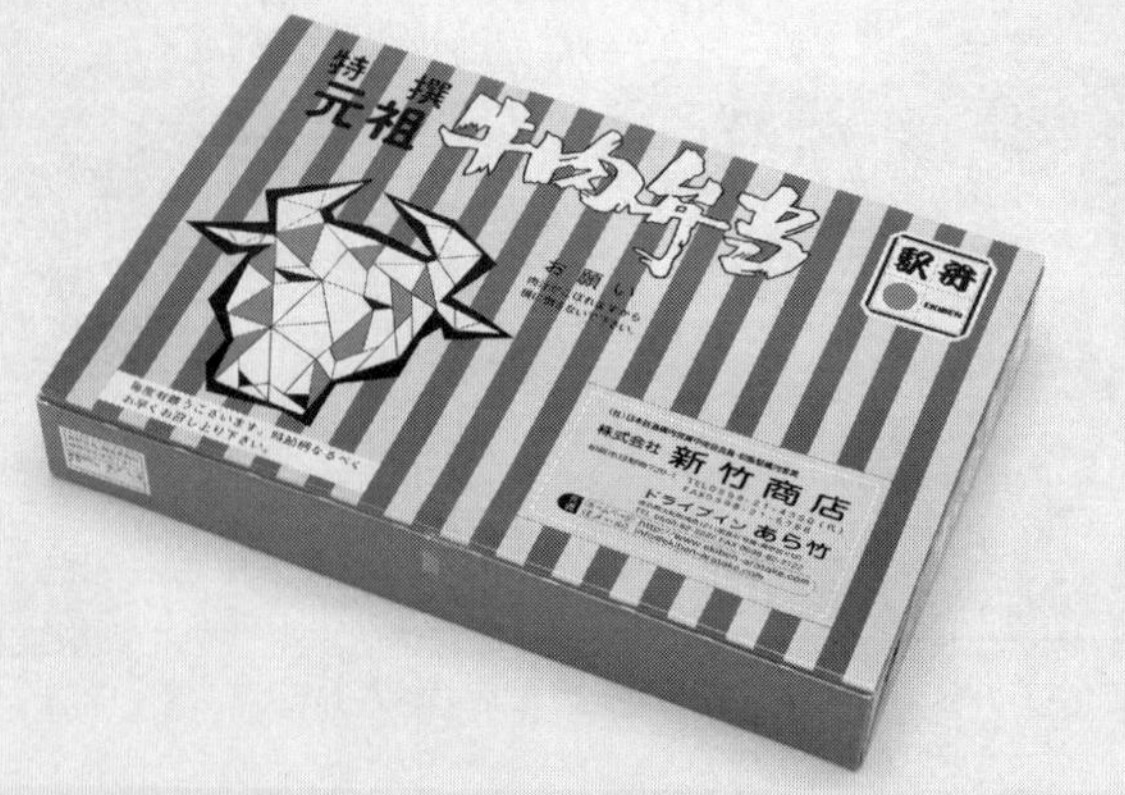

ロングセラーの「元祖特撰牛肉弁当」

がきっかけとなり躍進した。紀勢本線の全線開通記念として、当時の国鉄の地方色あふれる駅弁をつくっていきたいという意向に沿って、「元祖特撰牛肉弁当」を発売。おにぎりや幕の内以外は海鮮の駅弁が主流だった駅弁業界に大きなインパクトを与えた。

　牛肉は冷めると硬くなるので、冷めてから食べる駅弁には適さない素材だった。ところが、あら竹二代目の新竹亮太郎氏とかず氏の夫婦は試行錯誤を重ねて、赤ワインを下味に使うという当時としては革新的なアイデアで、この難題を解決した。赤ワインの効果で牛肉の獣くさい臭みも抜けた。当時赤ワインは日本ではなかなか手に入らなかったが、サントリーの「赤玉ポートワイン」は販売されていた。

独特な焼き方、醤油ベースの秘伝のタレを開発。冷めてもおいしく、むしろ時間が経ってなおおいしいという、画期的な牛肉駅弁が誕生。タレは地元の醤油、清酒、みりんをブレンドし、保存料の類は一切入っていない天然素材だ。あら竹はこうして、現在のように全国で数多くの牛肉駅弁が開発される道を拓いた。

米には三重県産のコシヒカリを使い、四升釜にてガスで炊くので、熱伝導により甘く踊るように炊き上がり、冷めてもおいしく仕上がった。ご飯が見えない駅弁が多い中、あえて白いご飯をしっかりと見せる松阪牛の焼肉弁当、しかも冷めてもおいしいとあって、大きな反響があった。

肉の仕入れは、松阪牛の精肉店として著名な丸中本店に統一。内モモの柔らかい部分を厳選して使用している。当初の「特撰牛肉弁当」の価格は１５０円。全国で一番高い駅弁だったが、今の価値なら３０００～４０００円くらいに相当する。

「元祖特撰牛肉弁当」が評判となったあら竹だったが、２００２年に世界的に流行したＢＳＥ（牛海綿状脳症）の問題に直面する。松阪牛にＢＳＥが発生したわけではなかったが、あら竹は壊滅的な売り上げ減に見舞われた。

この危機を救ったのが、同年に新竹浩子社長が開発した、五感に響いて楽しい「松阪名物黒毛和牛 モー太郎弁当」（以下「モー太郎弁当」）だ。

「モー太郎弁当」。食べ終わったらお面としても遊べる

「モー太郎弁当」はまず、黒いリアルな牛の顔を象ったパッケージが視覚的印象に強く残る。弁当箱を開けるとメロディーが流れるという、聴覚を刺激する駅弁は前代未聞だ。メロディーと同時に、すき焼きのちょっとぜいたくな香りがして嗅覚にもインパクトがある。そして食べてみると、松阪牛の味わいが醤油味のタレや生姜と一緒に口に広がる。

心に残るのは、駅弁らしい「温かみ」だ。メロディーには誰もが知る童謡「ふるさと」を採用。地元を懐かしむ気持ちが味と一緒に想い出として残るように考えられている。

「モー太郎弁当」はヒットして、あら竹の業績は回復。翌2003年には京王百貨店駅弁大会に登場して、連日完売した。今でも同社の売り上げナンバーワンの駅弁だ。

ユーチューバーのスーツ氏が２０２１年３月に公開した動画では、予約したあら竹の弁当を、特急の到着時間に合わせて松阪駅のドア口で受け取れるというサービスが紹介され、大きな反響があった。スーツ氏は「元祖特撰牛肉弁当」と「モー太郎弁当」を購入していた。

1作目は旧国鉄急行色「キハ58　28形」

こうしてヒット駅弁を生み出したあら竹だが、新しく意欲的な取り組みも欠かすことなく、２０１０年からは「元祖特撰牛肉弁当」の鉄道掛け紙シリーズの販売を開始している。

三重県の四季折々のふるさとを感じる風景の中を、列車が力強く颯爽と駆け抜けるオリジナルの写真を使用し、コンスタントに販売。鉄道掛け紙シリーズはイベントなどでは完売が続出するほどで、鉄道ファンからの根強い人気に支えられている。

松阪牛はブランド牛で肥育頭数が限られていることもあり、あら竹は薄利多売の大量生産、大量販売の路線は取っていない。駅弁大会も京王・阪神など昔から付き合いがあるところには出店するが、大々的には広げていない。東京駅「駅弁屋 祭」でも輸送で販売したが、原価率が高いということもあり採算が厳しく、1年ほどで撤退。「しっかりとお客様に来ていただけるよう、身の丈に合った商売を大切にしている」と新竹浩子社長は話していた。

新竹浩子社長は、「コロナが収まった頃に松阪に行ってみたいと思っていただけるように工夫している」との熱い想いを語っていた

松阪で出来立てのおいしい駅弁を味わってほしいというのが社長の一番の願いだが、コロナ禍では難しい。そんな中、「せめて自宅で松阪に来た気分になって、かつて訪れた大切な想い出に浸ってもらいたい」、「松阪に行きたいと思ってもらいたい」と通販に注力。コロナ禍でもあきらめず、手作りで温かみのあるサービスを具現化しているのだ。その地道な努力がファンづくりにつながり、コロナ収束後にもきっと実を結ぶことになるだろう。

コロナ危機に立ち向かう駅弁業者　その2

地元の需要を掘り起こす

新杵屋の挑戦

人気駅弁「牛肉どまん中」で知られる、山形県・山形新幹線、奥羽本線、米坂線米沢駅の駅弁業者である新杵屋は、コロナ禍を機に地元重視の姿勢を打ち出し、スーパーなどでの販売を強化している。

新杵屋の年商は8億円ほどだが、その9割を稼ぎ出すのが主力の「牛肉どまん中」。売り上げは新幹線の車内販売の比率が高かったが、それが2019年3月に廃止となった。コロナ禍に入る前から苦戦していたのだ。そういった事情もあって、東京駅の「駅弁屋 祭」をはじめ、新宿駅・上野駅・大宮駅・高崎駅といった首都圏の主要駅や、仙台駅・仙台空港といった仙台圏での販売を中心に据える戦略に切り替えていたが、新型コロナウイルス感染拡大による緊急事態宣言下で旅行需要が消失し、2020年4月・5月は売り上げの9割を失った。

「2011年の東日本大震災時をはるかに上回る落ち込み。米沢のような小さな街の駅で売れる駅弁の数はせいぜい1日10個程度だが、東京は人の数が全然違う。うちのような地方の駅弁屋であれば、東京駅の『駅弁屋 祭』に毎日トラックで駅弁を送って売ってもらって成り立っているところも多い」と船山百栄社長は語る。その「駅弁屋 祭」も、コロナ禍では商売にならず、新杵屋の売り上げも激減したのだ。

「工場に併設している駅前の本店では出来立ての駅弁が食べられるので、多くのお客様が来られていた。もう一度、地元を見直してみようと思った」と船山社長は続けた。本店では新杵屋が販売する各種弁当を販売しているだけでなく、土産物販売、レストラン、カフェも備え、遠方からの観光客ばかりでなく地元、山形県内からの来店も多い。

2020年12月のコロナ禍に代表取締役社長に就任した船山百栄氏。「業者は個々で生きていくしかない。どう発信していくかが大切」と厳しい現状にある駅弁業界について語っていた

　船山社長は山形県内のスーパーへの売り込みを行い、２０２０年の緊急事態宣言明けから夏まで、駅弁の販売を行った。「牛肉どまん中」は２０００年に京王百貨店駅弁大会の牛肉対決で出品して以来、大々的にテレビ放映

されたこともあり、地元でも米沢の名物駅弁として定着している。スーパーの店頭に並べられると順調に売れた。

山形のスーパーではヤマザワが時折週末に2日間の駅弁大会を行っていて、「牛肉どまん中」は売れ筋1位を獲得している。ヤマザワは山形県に42店と宮城県に19店を展開していて（21年5月現在）、有名駅弁を20種類ほど集めた催事を開催して好評だ。

山形県産米「どまんなか」を使ったもっちりふわふわな食感がおいしい「牛肉どまん中ピザ」

さらに新杵屋はコロナ禍での対策として、2020年の秋口から、駅弁大会の企画を行う、旅食やジャパンフーズシステムといった企業を通じて、全国的にスーパーの駅弁大会へと積極的に参加するようになった。

また2020年11月には、駅弁に使う予定だった米が余ったこともあり、米粉の生地で作った「牛肉どまん中ピザ」を新しく開発。共同開発した「道の駅米沢」の他、直営店、インターネット通販で販売を始めた。駅弁は通販で売っていないが、ピザは販売する。その理由としては「駅弁はできるだけ出来立てに近い状態で食べてほしい」といった、こだわりがある。

2018年にオープンした「道の駅米沢」は、東北中央自動車道米沢中央ICからすぐの立地の良さもあって賑わっている道の駅だ。「牛肉どまん中」はオープン以来販売していて、弁当の中で最も売れている。

こうした経緯から「道の駅米沢」とのコラボが実現して、米粉のピザが開発された。具材には、駅弁と同じ牛煮込みと牛そぼろが乗っている。まさに駅弁がピザになったユニークな商品だ。

さらにコロナ禍で余った米の活用としてもう一つ、「どまんなか米粉せっけん」も開発したが、こちらは山形県立米沢養護学校の生徒とコラボした。

また、2021年4月には茨城県桜川《さくらがわ》市のまるせん米菓との共同開発で「牛肉どまん中 揚煎餅」を発売。開発のきっかけは、山形県内の企業会合時に「お米が余っているのならお煎餅にしてみたらどうか」とアドバイスを受けたことだった。味付けには、牛肉を煮た後に廃棄していた煮汁を使用。牛肉の旨味たっぷりの煎餅となっている。

このように新杵屋は、コロナ禍にあっても挑戦する姿勢で、地元との連携・交流を交えながら新しいアイデアを次々に商品化している。そしてこの挑戦する姿勢は、駅弁を開発した頃から見られる。

新杵屋は1921（大正10）年の創業で、元々は和菓子の店だった。山形県南陽市にある創業200年の老舗和菓子店、杵屋から暖簾分けして米沢で独立した。1947（昭和22）年には米沢駅にて昭和天皇にアイスクリームを献上。これを機に米沢駅の構内販売に進出して、しばらくはお菓子を販売していた。

1957（昭和32）年には駅弁に進出。米沢駅ではすでに松川弁当店が鯉の煮付けの駅弁を売っていた。米沢は江戸時代に名君と呼ばれた上杉鷹山《ようざん》公が栄養を摂取するために鯉を食べることを奨励して以来、鯉料理が名物になっていて、今はもう販売していないが由緒ある駅弁だった。

しっとりサクサクとしたまるせん米菓のヒット商品「半熟カレーせん」の生地を使用した「牛肉どまん中 揚げ煎餅」

新参の新杵屋は同じものを出しても太刀打ちできないと考え、もう1つの名物だった米沢牛を使った駅弁を開発した。とは言っても、当時の米沢牛は鯉ほどには知名度がなく、むしろ駅弁が米沢牛の名声を上げた

すき焼き風に牛肉とシラタキの煮物をご飯に乗せた「牛肉弁当」

側面がある。

そうして発売した「牛肉弁当」は、当時幕の内系が多かった中で、東北では初の牛肉を使った「のっけ弁」だった。醤油ベースの甘辛いタレは、和菓子屋時代に販売していた饅頭に使っていたタレをそのまま流用した。米沢牛の駅弁をつくることと、和菓子のタレを使うこと、どちらもチャレンジであったと思う。

新杵屋が和菓子屋だった頃は「なめこ饅頭」という商品があり、蒸《ふ》かした饅頭の上に、そのタレを塗って販売していた。なめこが入っているわけではなく、見た目がなめこのような饅頭だ。そしてこの秘伝のタレは、「牛肉どまん中」にも継承されているのだ。

「牛肉どまん中」は、1992（平成4）年の山形新幹線開業に際して提案された駅弁だ。従来の在来線特急「つばさ」では新杵屋が自ら車内販売を行っていたが、新幹線「つばさ」では日本食堂（現・ＪＲ東日本クロスステーション）に卸すスタイルへと変更になり、ワゴンに入るサイズの新作駅弁が望まれたことが背景にあった。

山形県産米の「どまんなか」に国産牛の甘辛煮とそぼろが乗っている。新幹線の車内で牛肉をおつまみにビールなどのお酒を飲み、タレが染みたご飯で締めるといった食べ方をされ、ビジネスパーソンの出張族を中心に愛されていた。

幾多の牛丼タイプの駅弁との違いは、おかずがしっかりと入っている点だ。小芋煮、人参煮、ニシン昆布巻、蒲鉾、玉子焼き、桜漬が添えられていて、お酒のアテとして喜ばれていた。

当時、山形県で開発された米の品種として「はえぬき」と「どまんなか」が県内の農家に推奨されていたが、「どまんなか」は冷害に弱く、県の推奨から外されてしまう。しかし新杵屋では、冷めてもおいしい米の性質や牛肉との親和性を勘案して、あえて「どまんなか」を選んでいる。「牛肉どまん中」は、地元のブランド米「どまんなか」を守る駅弁でもあるのだ。

「牛肉どまん中」は調理の特徴として、２回煮る製法を取っている。１度目は下味を付け、牛肉の臭みやしつこさを取るためにさっと出汁の入った湯に潜らせる。２回目は牛肉の湯切りをした後、煮込んだ秘伝のタレにやはりさっと潜らせる。大鍋でグツグツ煮込むのではなく、家庭用の鍋をひと回り大きくしたようなサイズの鍋を使って、丁寧な手作業で仕上げる。牛肉の味を最大限に引き出すために考案された製法だ。

ちなみに厨房の様子は、2020年12月に公開された、大食いユーチューバーのMAX鈴木氏の動画「駅弁『牛肉どまん中』を10倍サイズで作ってもらったよ!!」にてレポートされている。

出来立てを味わいたいなら、米沢駅前にある本店（本社工場直売店）へ

和菓子のタレを受け継ぎヒット駅弁を生み出した新杵屋は、コロナ禍では地元の需要を見直してスーパーの駅弁大会に注力。そして余ったものがあればそれを活用して新しい商品をつくっている。まずは足元から見直そうとする力、「ありあわせのもの」でアイデアを形にする力が、新杵屋にはある。船山社長は「地元に根付いた駅弁というイメージを強化していきたい」と話しており、今後も地域と共に駅弁業界を盛り上げてくれることに期待できそうだ。

コロナ危機に立ち向かう駅弁業者　その3

駅弁ファンの心をくすぐる
池田屋の挑戦

上越新幹線と信越本線の新潟県長岡市の代表駅、長岡駅の駅弁業者であり、「越後長岡喜作辨當」で知られる池田屋は、１８８７（明治20）年創業の老舗だ。当初は鮮魚の販売や仕出しを生業としていて、当時の長岡では自宅で結婚式を挙げることも多く、式場になった家に料理を届けることもしていた。やがて、大正の終わりから昭和の初期に国鉄宿舎の給食の仕事を受けるようになり、戦後の昭和20年代に駅弁に進出。かつては長岡駅には3社の駅弁業者が競合していて、激しい販売合戦を繰り広げた。

しかし他の2社はすでに駅弁業から撤退してしまった。背景には列車の高速化やモータリゼーションの進展による鉄道利用者の減少もあるが、一番のダメージだったのは２００４年に発生した新潟県中越地震だ。

最大震度7の大地震で3ヶ月間ライフラインが復旧しなかった影響は大きかった。工場が被災して、富山駅の「ますのすし」に対抗する「鮭のすし」が人気だった野本弁当部が撤退。

2009年には営業不振で、もう1つの長岡浩養軒も廃業。越後湯沢駅に進出したり飲食店を経営したりと手広く事業を拡大していただけに、震災で新幹線利用客が減ったダメージが大きかったとも言われる。

こうして長岡の駅弁業者は、池田屋のみが残った。新潟県に今ある7社の駅弁業者の中でも、池田屋の規模が一番小さい。池田屋は、他のエリアに拡大したり、外食などを手広く展開したりしなかったことが、大災害を乗り越えた要因と捉えていて、コロナ禍においても基本的な考えは変わっていない。

「越後長岡喜作辨當」。メインの具材は、神楽南蛮鶏団子と焼き塩鮭。他には玉子焼き、きんぴら蓮根、油揚げとぜんまい煮、なす味噌漬け、しょうが味噌漬け、椎茸煮、梅干し、笹団子が入っている。

一番人気の「越後長岡喜作辨當」は、JR20周年と池田屋創業120周年を記念して2007年に発売。「喜作」とは池田屋創業者の永橋喜作氏に由来し、四代目の永橋晃社長が、「喜んで作るって素晴らしいじゃないか」と命名した。掛け紙には明治時代に彫られた、池田屋の外観を描いた版画が採用され、紐で竹皮風の弁当箱を縛って提供される。レトロでおしゃれなイメージも奏功して、年間1万個を販売するほどのヒット商品となった。

内容的には、長岡産のコシヒカリを使った幕の内弁当で、地産地消にこだわり、おかずにも地元産品がふんだんに使われていて、「ザ・駅弁」といった仕様だ。この弁当には長岡の郷土の味がセレクトショップ的に、コンパクトに揃えられていると言っても過言ではない。

ご飯の量が3分の2に抑えられ、カロリーの高いフライや天ぷらは入っていない。五代目の永橋ひかる専務によれば「量は要らないが、長岡らしいおいしい駅弁がほしい」とのシニア世代から寄せられたリクエストに応えて開発し、期間限定と考えていたところ、素朴な郷土の味が受けてロングセラーとなり、名声が年々高まっているという状況だ。


「越後長岡喜作辨當」の指名買いが増えて順調な池田屋だったが、コロナ禍ではご多分にもれず厳しい。

長岡市は人口約26万人、県下では政令市である新潟市に次ぐ2番目に人口が多い都市で、日本3大花火大会に挙げられる「長岡まつり大花火大会」や〝魚のアメ横〟と言われる寺泊《てらどまり》もあるものの、基本は機械加工や電気・電子などに強みを持つ産業都市で、ビジネスを目的として訪問する人が多い。駅弁のターゲットも主に、東京から上越新幹線を使う出張族だ。しかし

2020年は長岡駅からの新幹線平均乗客数は、前年の半数以下になってしまった。2021年も回復の兆しはなく、出張・観光客の減少が長期化。全国から100万人が観覧に訪れる花火大会も2年連続で中止となった。

2021年8月時点で池田屋が販売している駅弁は、「越後長岡喜作辨當」、「牛めし」、「火焔《かえん》釜めし」の3種。これらの駅弁は、長岡駅と、駅から車で5分ほどの工場直売店で販売している。池田屋は、予約した顧客には手書きの手紙を駅弁に添えて渡して、感謝の気持ちを伝えている。こういった丁寧な心遣いも、ファンの心を掴むのだろう。

工場では、2020年6月から予約限定で週に4回「スパイス急行」というカレーの弁当の販売がスタート。これは、永橋専務のカレー好きが高じて市内のイベントで提供されてきたものので、イベントがなくなってもカレーが食べたいというファンの声が多かったため販売されるようになったものだ。テイクアウトのニーズの高まりもあって、車で出張に来た人や地元住民に好評だという。永橋専務によると「地元の方に、地元にいながら旅気分を味わっていただけるようにと、掛け紙のデザインには出札補充券風のものを入れた」とのこと。なお現在は販売を休止している。

不定期で、市内でのイベントの際に出店することもあり、ツイッター、インスタグラム、ブログなどのＳＮＳで告知される。

２０２１年４月には通信販売のサイトをオープン。８月時点で、Ｔシャツ、ポストカードセット、駅弁ガチャが販売されており、どれも品薄になるほど好調だ。駅弁ガチャは駅弁のミニチュアが入っていて、コレクターがたいへん多いという。永橋専務は元アパレルの社員で、店員・バイヤーの経験があり、そのセンスが生きている。

駅弁を売る環境が厳しくなる中で、規模を大きくするのではなく、逆に小さく絞り込んで地元重視で成功してきた池田屋だが、コロナ禍でも地元住民や駅弁ファンの声をよく聴いて、工場直売のカレー弁当や通販に取り組み、新たな需要も掘り起こした。駅弁ガチャなどをきっかけに駅弁ファンになる人もいるだろう。それは駅弁業界の活性化にも繋がる。池田屋は、地元重視であっても決してターゲットは狭めず、広い視野をもって挑戦しているように見える。

Tシャツは「バカンスネコ」の絵柄付、「ikedaya」のローマ字入り、「エキベン」のカタカナ入りと3つのデザインがある

駅弁ガチャ。「越後長岡喜作辨當」の他、他社の「ひっぱりだこ飯」、「だるま弁当」など計6種を販売している

郷土の味が日常化、そして増えるライバル

駅弁大会に依存しない駅弁業者の取り組みについて述べてきたが、これらの業者の有名駅弁は、常設の駅弁専門店や土産物店でもやはり人気商品となっている。

駅弁専門店は、東京駅・新宿駅・新大阪駅など、大都市や県庁所在地の代表駅のエキナカに出店している。主な駅弁専門店には、東京駅「駅弁屋 祭」、「駅弁屋 踊」、新宿駅「駅弁屋 頂」など、ＪＲ東日本クロスステーションが経営する「駅弁屋」シリーズが36店。大阪駅「旅弁当大阪」、京都駅「旅弁当駅弁にぎわい京都」などジェイアール西日本フードサービスネットが経営する「旅弁当」シリーズがある。他にも東京駅・品川駅・新横浜駅・名古屋駅・京都駅・新大阪駅と新幹線の主要駅に沿って出店する、ジェイアール東海パッセンジャーズの「デリカステーション」シリーズ、ＪＲ九州フードサービスの博多駅に3店ある「駅弁当」、ジェイアールサービスネット福岡の博多駅「駅弁屋たい」といったように、ほぼ例外なく駅売店のキヨスク、食堂車や駅構内飲食店経営の日本食堂などをルーツとする、ＪＲ系列のリテール・レストラン会社が運営している。

東京駅にいながら全国の多彩な駅弁の味が楽しめる「駅弁屋 祭」

２０００年代に入ってこのような駅弁専門店が台頭してきたことで、駅で売れなくなっていた駅弁が駅に戻ってきたと捉えることもできるかもしれない。しかしこれらの駅弁専門店が出店するのは、あくまで利用客の多いほんの一握りの駅に限られており、突出した売り上げを上げたからといって、地方の駅弁の駅売りの衰退に歯止めが掛かったわけではない。また、大都市の規模の大きな駅弁専門店ほど、全国の有名駅弁を網羅的に常時取り揃えるので、ハレの商品であるはずの有名駅弁が日常化してきたとも言える。

郷土の味代表としての駅弁が、主要駅の常設店舗でブランド価値を保てているのか。ここでは、特に駅弁にとっての競合が多い東京駅の状況を見ていく。

「まるで駅弁大会」な常設店舗の登場

「駅弁屋 祭」は「毎日が駅弁まつり」をコンセプトにした店で、日本各地の名物駅弁200種類以上が揃う圧巻の品揃えを誇っている。

和食が世界から注目されている中、日本独自の食文化である駅弁の認知度も上がっている。日本のセントラルステーションである東京駅から日本の食文化や地域の多様性を発信するのがミッションで、海外からの旅行者、つまりインバウンド需要も意識している。

実演で出来立ての駅弁も販売しており、駅弁大会での実演と輸送の両方の駅弁が販売されている。京王などの駅弁大会を参考にして、海外からの観光客も視野に入れながら、イベントとして行われてきた駅弁の催事を、常設の店舗に落とし込んだ。京王・阪神・鶴屋のような大きな駅弁大会は年に1度の開催で、1～2月に終わってしまう。期間中に行けない人もいるし、全部のブースを回りきれない人もいるだろう。駅弁大会を待ちきれない人のニーズに応えた。

「駅弁屋 祭」の反響は大きく、多く売れる日には1日で1万5000食の駅弁を販売する。「牛肉どまん中」、「峠の釜めし」、「ひっぱりだこ飯」、「氏家のかきめし」など、駅弁大会でも上位人気を誇る、全国的な知名度を持つビッグブランドが並んでいるので、東京駅まで出てきた機会に立ち寄ってお土産として購入していこうという人も多い。しかも早朝5時半から23時まで営業していて、駅が営業している時間内ならば、ほぼいつでも駅弁が購入できるのも強みだ。つまり、わざわざ駅弁大会に出向かなくても、東京駅まで来れば全国の名立たる駅弁が買えるセレクトショップが「駅弁屋 祭」なのだ。

東京駅八重洲中央口改札内にあるカウンタータイプの「駅弁屋 踊」は、「駅弁屋 祭」でトップ10に入る人気商品を中心に構成する厳選された品揃えが魅力

「駅弁屋 祭」は２０１２年に東京駅の中央通路北側にオープンすると、人気が爆発。16年には南側に移転し、エキナカ商業施設「グランスタ」内にリニューアルオープンした。天井から赤と白の祭の文字が書かれた提灯が多数吊るされるなど、お祭りをイメージした賑やかで活気ある店づくりがされていて、行けば駅弁大会の高揚感と似たものを感じさせる。それも人気の秘訣なのだろう。また、肉の駅弁、海産物の駅弁、野菜の駅弁といったように、メインの食材によって分類されている買いやすさも魅力だ。

ＪＲ東日本と関係の深い業者が活躍

　ＪＲ東日本クロスステーションは経営難や後継者難に陥った多くの駅弁業者を傘下に収めている。「駅弁屋 祭」などの駅弁屋チェーンは、日本各地の名物駅弁を売るだけでなく、ＪＲ東日本クロスステーション傘下の駅弁業者の販売拠点でもあるのだ。

　日本橋高島屋など首都圏の百貨店やショッピングセンターに、幕の内弁当専門店16店を展開する「日本ばし大増《だいます》」は、創業は１９００（明治33）年に遡る老舗だが、２００３年に日本レストランエンタープライズ（旧・日本食堂で、現・ＪＲ東日本クロスステーション）が株式を取得して、ＪＲ東日本のグループ入りをした。

　日本ばし大増は首都圏ではかつては浅草で料亭を経営し、今は著名な高級弁当の会社であるが、このような経緯で駅弁に進出しており、日本食堂のレシピを引き継いだ「チキン弁当」や「深川めし」などを製造し、「駅弁屋 祭」などで販売している。１９６４（昭和39）年に発売された「チキン弁当」は大人のお子様ランチといった風情。下町の洋食スタイルの駅弁は意外と少なく、貴重な存在だ。「深川めし」は１９８７（昭和62）年の発売と案外新しいが、伝統的な江戸前の粋を感じる駅弁だ。

昔懐かしいトマト風味のチキンライスにスクランブルエッグが乗り、おかずとして唐揚げが付いている「チキン弁当」

生姜醤油が効いたあさりの深川煮がご飯に敷き詰められアナゴ煮も入った「深川めし」

赤レンガの東京駅のレトロな絵画が掛け紙に採用されていて、見た目も楽しい「東京弁当」

味の追求にこだわってきた老舗弁当店らしさを発揮した商品として、2002年に発売した東京駅限定「東京弁当」がある。東京の老舗8店の味の詰め合わせとなっていて、浅草今半の牛肉たけのこ、魚久のキングサーモン京粕漬、すし玉青木の玉子焼、新橋玉木屋の葡萄あさり、神茂の御蒲鉾、舟和の芋ようかん、そして日本ばし大増の江戸うま煮（里芋、タケノコ、カボチャ、シイタケ、レンコン、絹さや、ニンジン、ゴボウ）といったものが入っている。確かに、東京名物が網羅されていて、チョイスに調製元のプロデュース力の高さを感じる。1850円という価格は安くはないが、ちょっと買ってみたい、ありそうでなかった商品だ。

一方で、肉・魚介・乳製品・卵などの動物性食材を使用しない「菜食弁当」を2017年に発売。日本の駅弁で初めて、特定非営利活動法人ベジプロジェクトジャパンよりヴィーガン認証を受けている。東京駅を拠点とする駅弁業者らしく、国際的視野でいち早くヴィーガン料理に取り組んだユニークな商品だ。

このように、日本ばし大増は明治から続く、冷めてもおいしい弁当製造に長けた老舗がつくる東京の洗練された駅弁というイメージで、都心部の駅弁屋チェーンを支えている。

この他にも、神奈川県・東海道本線大船駅の「大船軒」もJR東日本クロスステーション傘下に入っていて、「駅弁屋 祭」で活躍している。

大船軒は1898(明治31)年に創業。元々は鎌倉の大船駅前で旅館を経営していた。翌99年に日本初のサンドイッチの駅弁販売を開始して、日本の食文化の発展に貢献した老舗企業だ。物珍しさもあって評判になった。具材はハムとチーズといった非常にシンプルな商品だったが、注目されたのはハムだ。最初は輸入のハムを使っていたが、生産が間に合わないため、自家製造の技術を英国人から学んで自家製ハムを使うようになった。そのハムだけでも販売してほしいと食品関係の会社から多数の要望が寄せられた。そこで大船軒創業者の富岡周造氏はハム部門を独立させて、鎌倉ハム富岡商会を設立した。

１９１３（大正２）年に看板商品の、相模湾や三浦半島で獲れる小アジを使った「鯵乃押寿し」の販売を開始している。現在は中アジを使った商品と、小アジを使った商品を販売しており、どちらも購入して味の違いを楽しむ人もいる。関東風に握り、関西風に押す伝統の製法を今も守っている。

ボンレスハムサンドとチーズサンドの２種が楽しめる「大船軒サンドウィッチ」

ちなみに、東海道本線小田原駅「東《とう》華《か》軒《けん》」の看板もアジを使用したもので、「小鯵押壽司」という。漁船・漁具の改良により相模湾沖では湧くほどアジが獲れ、大正初期には明治初期の４・５倍に達した。有り余ったアジが、駅弁に活用されたのだ。

また、群馬県・高崎線高崎駅の「たかべん（高崎弁当）」はＪＲ東日本クロスステーション傘下ではないが、ＪＲ駅弁の製造販売を主軸としている。たかべんも１８８４（明治17）年に上越線の開通と共に設立された老舗企業で、当初はおにぎりを販売していた。たかべんの看板商品で高崎名物の「だるま弁当」は、

１９６０（昭和35）年に高崎市内にある、縁起だるま発祥の地である少林山達磨寺にちなんで開発されており、高崎らしさを表現した駅弁だ。投票により「駅弁大将軍」を決めるＪＲ東日本主催の「駅弁味の陣」でもエリア賞を受賞するなど、不動の人気を誇っている。容器は当初は陶器製だったが、73年にプラスチック製に変更された。「峠の釜めし」などと同じく容器を含めて新しく名物をつくり出すプロジェクトだった。57年に発売されてヒットした「峠の釜めし」に対抗した要素が強い。

「だるま弁当」は口に穴が開いていて、食べ終わった後には貯金箱にもなる。茶飯の上にタケノコ、鶏肉、コンニャク、栗、シイタケ、ゴボウ天、山菜などが乗って具だくさんな内容

土産物店で示された駅弁の進化形

ＪＲ東日本クロスステーションは「ＨＡＮＡＧＡＴＡＹＡ」という、地域の〝華やぐ〟名品を揃えるというコンセプトの土産物店を東京駅・上野駅・大宮駅・品川駅・蒲田駅の構内外に展開しており、そちらでも駅弁を販売している。

「ＨＡＮＡＧＡＴＡＹＡ」はコンビニ「ニューデイズ」などを管轄するリテールカンパニーの管轄、「駅弁屋 祭」などの駅弁専門店はフーズカンパニーの管轄ということで、営業部門が異なり、商品がバッティングしないように工夫している。取り扱っているブランドは菓子類が多く、東京ばな奈、メリーチョコレート、東京ひよ子、銀座たまや、舟和、シュガーバターサンドの木などといったメーカーの商品が並ぶ。その中でも東京南通路店は駅弁の専門店となっており、駅弁ファンがよく訪れる。「ＨＡＮＡＧＡＴＡＹＡ」では、駅弁屋では扱わない崎陽軒の「シウマイ弁当」などの人気駅弁が買えるほか、特急列車のヘッドマーク駅弁を販売している。２０１７年７月に「ひばり」が第１弾として登場して以来、「あさま」「あずさ」「ひたち」「北斗星」「とき」「かいじ」「つばさ」「はつかり」「わかしお」「いなほ」「ゆうづる」「あいづ」とシリーズを重ね、21年７月発売の第14弾は「みちのく」となった。ヘッドマーク駅弁は京王の駅弁大会でも好評だが、エキナカの駅弁売場でも鉄道ファンの心をしっかりと掴んでいる。食後は容器を弁当箱などに再利用できるのが魅力だ。

「みちのく」はかつて583系車両を使用して上野・青森間を昼行で、常磐線を経由して結んでいた。中身は青森の「幸福の寿し本舗」が担当し、青森県産米「晴天の霹靂」、トラウトサーモン、牛肉バラ焼き、サバの塩焼きなど青森の食材にこだわって製造している。

「HANAGATAYA」限定の商品もあり、老舗・山本海苔店の海苔を使用した「海苔弁当」、黒毛和牛を秘伝のタレで漬け込んで焼き上げた「焼肉弁当」といった商品がある。

神田明神下に本店を構える、三越日本橋店など都内の有名百貨店に出店する雅（みやび）が手掛ける、「鬼平犯科帳《おにへいはんかちょう》弁当」が購入できるのも「HANAGATAYA」だけだ。『鬼平犯科帳』は江戸の町を舞台にした池波正太郎の小説シリーズ。文庫本の表紙が掛け紙になっていて、とてもしゃれている。2020年に第1弾として2種類、深川あさり飯とアナゴ飯をメインにした「本所深川弁当」と、深川あさり飯と鶏飯をメインに天ぷらや煮物を詰め込んだ「くめ八弁当」が発売された。付録として、江戸古地図と登場人物相関図が付いているのも嬉しい。

もはや地域の味を追求するだけではなく、地域にちなんだ文学や作家、歴史そのものの紹介の役割をも果たしている。販売は好調で店に行くと売り切れていることも多い。「鬼平犯科帳弁当」は次世代の駅弁の進化系を示したと言えないだろうか。

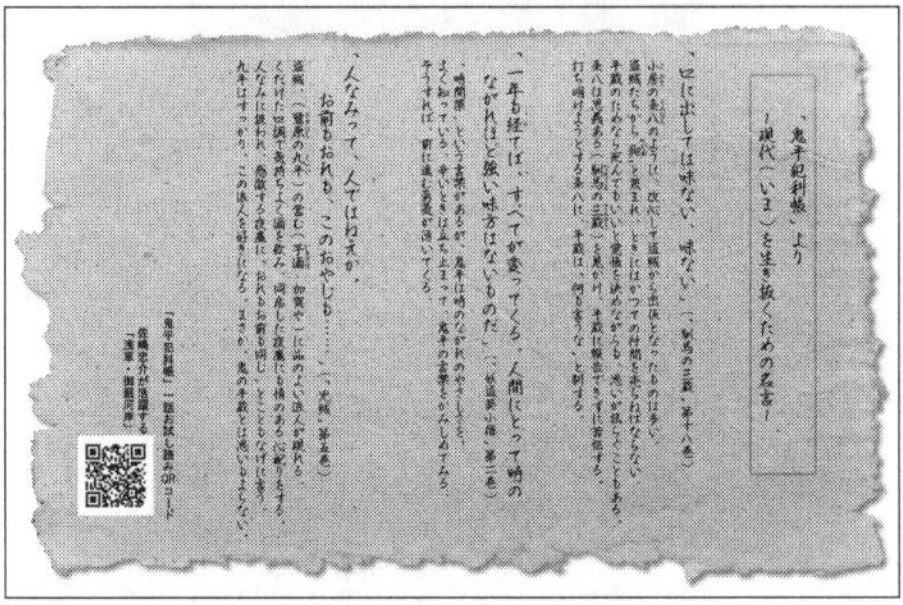

2021年発売の第2弾「佐嶋忠介弁当」の掛け紙。裏面には名言集や試し読みのQRコードも

東京駅は中も外も競合だらけ

東京駅構内は日本最大級のエキナカ商業施設で、「駅弁屋 祭」や「HANAGATAYA」が入っている153店を擁するグランスタ東京、34店を擁するエキュート東京などの施設自体が多くの弁当を販売する店を擁していて、駅弁の競合となっている。

グランスタ東京が2021年7月に発表した「東京駅お弁当ランキング」を見ると、1位崎陽軒「シウマイ弁当」、2位海苔弁山登り「海苔弁 海」、3位eashion「スペイン産ベジョータ イベリコ豚重」、4位伊達の牛たん本舗「牛たん弁当ミックス（塩味・みそ味）」、5位築地竹若「上にぎり」、6位浅草今半「牛肉弁当」、7位仙臺たんや利久「牛たん弁当」、8位地雷也「天むす」、9位マンゴツリーキッチン「鶏のガパオボウル」、10位えさきのおべんとう「新懐石弁当」――といった結果になった。

「シウマイ弁当」の突出した人気はさすがだが、4位と7位に牛たんが入り、2位に海苔弁がランクされるなど、駅弁ではなかなかカバーしきれていない分野で好成績を上げる弁当業者が目立つ。牛たんの場合、紐を引っ張って加熱する仙台の駅弁業者こばやしの「牛たん弁当」も喜ばれる商品だが、牛たん専門店として認知されているチェーンが圧倒的に強いということだろう。海苔弁は名物として打ち出しにくいが、海苔弁山登りは巧みにブランディングした。２０１２年にＪＡＬ国際線の機内食でデビュー、17年に「ＧＩＮＺＡ ＳＩＸ」に出店して人気になった、高級海苔弁当ブームの立役者だ。具だくさんでボリューム感があるのも魅力で、追従する店が増えている。また、イベリコ豚やガパオライスのような海外の食を扱った駅弁は、地域を発信する駅弁の性格上、なじまない面がある。生ものの握り寿しは、保存を考えるなら駅弁として成立しない。

しかし、このような強い競合がエキナカに出現しつつも、駅弁を取り扱う「駅弁屋祭」や「ＨＡＮＡＧＡＴＡＹＡ」が実績を上げてきたのも事実だ。横浜のシウマイのように、名物をつくり出す作業をいとわなければ従来の駅弁だって十分戦える。

東京駅は駅の外でも、弁当業者がしのぎを削っている。八重洲北口の駅の改札を出てすぐの場所に大丸東京店があるが、地下１階食品売り場に「お弁当ストリート」と呼ばれるゾーンがある。全長60メートルあって、年間延べ１０００種類もの弁当が揃う。企業の出張族はもちろん、帰省や旅行で東京駅を使う人の利便を考えて売り場を構築しており、１日１万食（コロナ禍前）を販売するのだ。駅弁の需要を強烈に奪っている「駅前弁」の売

東京の老舗店や地方の有名店の弁当が集まる「お弁当ストリート」

り場であることは間違いない。

「お弁当ストリート」は2012年のリニューアルによって生まれ、弁当売場を1・5倍に拡充し、23店舗55ブランドにてリスタートしている。また、男性をメインターゲットとした、肉を使用した弁当ゾーンを新設し、店内厨房で実演販売する店舗を強化した。

2012年は「駅弁屋 祭」が8月にオープンしており、同年10月にオープンした「お弁当ストリート」はそれに対抗する形となった。このように東京駅を取り巻く弁当競争が過熱化していき、京王などの駅弁大会から駅弁専門店へ、駅弁販売の主軸がどんどんと振れていく。全国の主要駅でも同様の転換が起こっていった。大阪駅では構内の駅弁専門店「四季の和ごころ旅弁当」の品揃えが豊富なだけでなく、駅直結の大丸梅田店のデパ地下が充実していて、近くに阪急百貨店うめだ本店や阪神百貨店梅田本店などもあり、弁当のセレクトに迷うほどだ。名古屋・博多・札幌駅も同様に弁当が充実し、飽きない魅力がある。

４月10日の駅弁の日に合わせて発表された、大丸東京店が発表した「お弁当ストリート」の２０２０年３月時点での過去１年の売れ筋弁当は次のようになっている。

1位	ミート矢澤 「黒毛和牛ハンバーグ弁当」
2位	崎陽軒 「シウマイ弁当」
3位	創作鮨処タキモト 「贅沢ミルフィーユ」
4位	穴子寿司平島 「とろける一口穴子にぎり」
5位	柿安牛めし 「黒毛和牛牛めし」
6位	牛たんかねざき 「厚切り牛たんステーキ弁当」
7位	知床鮨 「バラチラシ」
8位	柿安ダイニング 「黒毛和牛すき焼重」
9位	からっ鳥 「カラットMIX弁当」
10位	叙々苑 「牛薄切焼弁当」

目立つのは牛肉が強いということだ。特に黒毛和牛、仙台牛たんの強さが目立つ。1位のミート矢澤は五反田のレストランで長い行列ができるほどの人気店。シウマイが大丸東京店でも売れているのも特筆すべきで、崎陽軒の弁当は横浜の名物にして東京駅の代表駅弁でもあることは間違いない。海鮮ではミルフィーユタイプの多彩な具材が重なり合った創作寿司は見た目も鮮やかで、ボリュームもあり、従来になかったタイプのインパクトある商品だ。駅弁でも人気がある、アナゴの弁当が上位にきているのも納得できる。

「お弁当ストリート」はとりわけここで弁当を購入して新幹線に乗り込むビジネスパーソンに照準を合わせた品揃えをしており、プレミアム感ある牛肉や海鮮の弁当が売れている。この傾向は京王百貨店駅弁大会と共通しており、しっかりと売れ筋が研究され、手堅く売り上げを取っている印象だ。

エキナカのコンビニ商品も手強いライバルに

　エキナカにおいては商業施設だけでなく、コンビニの弁当やおにぎりも、駅弁にとって無視できない強力なライバルだ。駅弁の発祥はおにぎりの販売であり、そのおにぎりを日本で一番売っている小売業はコンビニなのである。また、今のような郷土の味を代表する特殊弁当が主流になる前の駅弁は、これといって特色のない幕の内弁当が主流だった。初期の駅弁は、当時は電子レンジがなかったので冷めてもおいしいように工夫されていたにせよ、コンビニの弁当と比べて内容的に優れていたとは言い難かった。何と言っても、コンビニの商品は安価であり、平均単価が１０００円近い駅弁とは倍近い価格の開きがある。日常的に新幹線や長距離特急を使う人にとっては、非日常の印象が強い駅弁を毎回購入する必要もないだろう。

　ＪＲ東日本の営業エリアで展開する「ニューデイズ」を例に取ってみよう。「ニューデイズ」はＪＲ東日本の有人駅の大半に設置されていて、店舗数は約５００店。おにぎり、弁当、パン、サンドイッチに加えて、お酒やおつまみ、菓子類、ちょっとした土産物も売っている。キヨスクを改装・拡張・移築した店が多いが、商品の幅が広がって、おにぎりや弁当に関しては3大コンビニの「セブン-イレブン」、「ローソン」、「ファミリーマート」にも負けないいくらい生活者の利便に応える店に進化している。

おにぎりに関しては、「ますの寿司」のような駅弁的な商品もあって、クオリティはあなどれない。「茨城県産しらすづくし」、「鮭づくし」、「手巻き牛たん」、「熟成いくら醤油漬け」、「大きなおにぎりザンギ」など、駅弁になっても良さそうな名称の商品が近年は増えている。それならば、お酒を買ったついでに駅弁を購入しなくても、安いおにぎりで十分と考える人もいるのではないだろうか。

弁当は、「幕の内弁当」はもちろんあるが、「岡山の味 デミかつ丼」、「新潟県産舞茸のせご飯とカレー唐揚げ弁当」のような駅弁的な弁当が、コンビニ弁当としては高めな500円近い値段から600円弱の価格帯で販売されている。

コンビニ同士の販売競争が激しく、弁当も平凡な商品では売れなくなってきた。こだわりが強まると、方向性として駅弁に似てくる感は否めない。駅弁は牛肉には強いが豚肉を使った商品は案外と少ない中、「旨辛!・国産豚焼肉丼」というご飯の上に豚の焼肉を敷き詰めた弁当も販売されている。

パンも、あんぱん、クリームパンと定番商品もあるが、「レモンメロンパン（関東・栃木レモン使用のクリーム）」、「鶴橋風月監修焼きそばパン」のような、やはり他社では売っていない差別化された商品が増えている。

サンドイッチも同様で、「１／３日分の緑黄色野菜が摂れるサンド（管理栄養士監修）」、「名古屋の味 うまいもんづくし（味噌かつ・ナポリタン・手羽先風唐揚げ）」のような付加価値の高い商品に注力している。サラダのカテゴリーで、ワンハンドで食べられるタコライス風などのトルティーヤも販売されており、軽い食事で済ませたい朝食には良さそうなラインナップだ。

このように、以前は圧倒的に差があった駅弁とコンビニ弁当のクオリティも、コンビニの努力によって先端部分ではかなり接近してきている。コンビニのチャレンジする姿勢に、駅弁業者が学べる面も多くあるのではないかと僭越ながら思う。

同じ郷土の味として「空弁」「速弁」が登場

駅弁はいろいろな売場に進出することができるようになったが、周辺の競合もこだわりを強めていく中で、駅弁的な価値を伴ったものが増えてきた。郷土の味という価値を備えた「空弁《そらべん》」「速弁《はやべん》」も、駅弁の人気が後押しして2000年代に急速に台頭してきた。「郷土の味だから売れる」と甘んじてはいけない状況にあることは確かだ。

手頃なサイズが受けた「空弁」

空港の売店で、駅弁のように地域の特色ある弁当が販売されるようになったのは2003年頃からだが、これには事情があった。1999（平成11）年に国内線普通席の機内食が廃止されたのだ。これは、スカイマークやエア・ドゥといった新規の航空会社が参入し、エアラインが価格競争に入ってきたため、コストカットに動いたことによる。元々1～2時間のフライトに機内食はいらないという利用者の声もあった。

しかし、機内の移動時間に小腹を満たしたいニーズは根強くあって、日本航空の子会社の商事会社・ジャルックスは、駅弁のようなインパクトのある空港発の弁当ができないかと思案を巡らせた。

ある時、福井県から弁当をジャルックスに売り込みに来た、海の恵みという会社の矢部みち子代表が、お土産品として置いて行った焼き鯖寿司の味が、ジャルックスの商品開発担当者の目に留まり、これを商品化しないかと逆に提案された。そこで、飛行機の折り畳み式テーブルに入る小ぶりなサイズで、お箸を使わなくても食べやすく、気密性の高い空間で匂いもあまりしない、空弁に欠くことができない要素が揃った「みち子がお届けする若狭の浜焼き鯖寿司」が誕生した。香ばしく焼いた脂の乗った分厚いサバを使った押し寿司で、酢飯との間に臭い消しの効果を持つ生姜とシイタケ煮が挟まっているのが特徴。これがほど良いアクセントになっている。真空パックに入っているので、お土産にも適している。

２００２年の年末に羽田空港のＪＡＬ売店「ブルースカイ」で発売したところ、瞬く間に人気となり、１日に１５００個も売れてランチ前に行列ができるほどとなった。空港の売店では１日に３００～４００個の弁当が売れたらいいところで、異例の売れ行きとなった。そのため、成田・伊丹・関西などの空港の売店にも販路を拡大した。

これだけの人気を得た理由として、まず4個600円、6個900円と値段が手頃だったことがある。特に4個入りだとサイズが小さく、持ちこみやすい。食が細い、またはダイエット中の女性に受けたことも重要な要素だろう。空港の利用者だけでなく、羽田周辺のオフィスで働く人たち、特にOLのまとめ買いがあった。

焼き鯖寿司は福井県の名物の一つだが、全国にこの料理が広がったのは「みち子がお届けする若狭の浜焼き鯖寿司」がヒットしてからだ。類似の商品が全日空「ANAフェスタ」の売店にも並ぶようになり、焼き鯖寿司戦争の火が付くと共に、空弁というジャンルも注目されるようになった。焼き鯖寿司に続くヒット商品をと、開発競争が起こった。焼き鯖という寿司ネタもメジャーになり、今では大手回転寿司のレーンを当たり前のように回っている。

やはり機内で広げて食べるのにちょうど良いサイズの空弁として、肉の万世「万かつサンド」も売れている商品だ。1949(昭和24)年に発売された歴史のある商品で、当時から肉の万世のベストセラー商品であったが、空弁として改めて注目された。揚げ立てのロースかつに秘伝の濃厚ソースを付け、きめの細かいパンに挟んだ。豚のロース肉は一枚肉をそのまま使用しているので、食感がしっかりしていてプレミアム感がある。

新千歳空港の空弁、佐藤水産「石狩鮨」の人気も高い。もう40年も販売しているロングセラー商品だが、羽田空港の空弁専門店「空弁工房」でも突出した人気を誇っている。新千歳空港駅や札幌駅にも進出しており、駅弁としても存在感を示している。

カニのむき身と鮭の二色の押し寿司で、駅弁に負けない北海道らしい弁当をつくってほしいという依頼がＪＡＬ側からあり、水産加工のノウハウを駆使して開発した。佐藤水産は天然の鮭にこだわり養殖は使わないので、天然の味を楽しみたい人に好評だ。いくらも加わった3色の弁当、鮭といくら、カニといくらの組み合わせ、子ども向けの小サイズと、バリエーションも揃っている。

佐藤水産では、鮭やいくらなどの具材が通常のおにぎりの3倍くらいは入っているのではないかという「ジャンボおにぎり」も人気商品で、時間帯によって行列ができる時もある。

また、羽田空港限定で、駅弁や空弁に造詣が深いヨネスケ（桂米助）氏が監修した「ヨネスケのこだわり天むす」が発売されていて、手頃なサイズ感で小腹を満たすのにちょうどいいと評判が良い。天つゆがジュレになっているところがポイントで、海老、海老のブラックペッパー味、ホタテ、鶏のささみ、レンコンと5種類が入っている。製造するのは、ジャルックスと羽田空港ビルを運営する日本空港ビルデングが共同出資して２０１１年に設立した日本エアポートデリカ。羽田空港内に工場施設を持ち、空弁の開発に熱心だ。

東京駅に駅弁専門店「駅弁屋 祭」があるように、羽田空港には空弁専門店「空弁工房」がある。「空弁工房」では、１５０種類もの弁当を販売しており、空弁の情報発信基地となっている。経営は日本空港ビルデングの子会社、日本エアポートレストラン。このように、日本の航空会社の系列の商事会社と、空港ビルを経営する会社が手を組んで、空弁を企画・製造、さらに販売する体制が羽田空港では整えられている。

ところで、「みち子がお届けする若狭の浜焼き鯖寿司」はすでに空港で終売し、福井県永平寺町にあった本店直売所も閉店している。

代わって、羽田空港では２０１２年より「銀座福ひろ 炭火焼鯖寿司」が販売されている。真空パックに入っていて、焼き鯖と酢飯の間に生姜とシイタケが入っている構成は同じで、香り付けにユズが加えられてバージョンアップしている。価格も6個入りが１１００円してちょっと高い。日本海のサバではなくノルウェー産を使っていてレシピは異なるが、この商品が実質的な後継商品となっている。製造は前出の日本エアポートデリカが行っている。

「速弁」の高級路線はニーズに合わず？

駅弁に続いて空弁もブレイクする中、高速道路も動いた。NEXCO中日本（中日本高速道路）が管理運営するサービスエリア・パーキングエリア（SA・PA）で、地域の特色ある食材を使ったご当地グルメ弁当「速弁（はやべん）」を2006年より売り出した。2年後の08年には、東名高速道路、名神高速道路、中央自動車道などの6つの高速道路にある　SA・PAの20ヶ所で速弁を販売していた。

NEXCO東日本（東日本高速道路）も「どら（道楽）弁当」、NEXCO西日本（西日本高速道路）も「高速弁当」で続き、全国のSA・PAでドライバーの旅気分を高揚させる駅弁的な弁当が販売されるようになった。群馬県の上信越自動車道の横川SA上り・下りでは、横川駅の駅弁「峠の釜めし」がよく売れていたので、高速道路でも駅弁のようなインパクトのある弁当を開発すれば売れるのではないか、という着眼点は理解できる。

特に「速弁」は1500～3000円と駅弁より高級なゾーンで、有名料理店と提携した商品を多く発売して差別化を図った。

　たとえば、横浜市の東名高速道路「港北ＰＡ」上り・下りでは、黒毛和牛専門の老舗「人形町今半」の「特製すき焼き弁当」（３１５０円）が販売された。三重県の東名阪自動車道「御在所《ございしょ》ＳＡ」上り・下りでは伊勢志摩の食材を使った懐石料理を提供する老舗料亭「伊勢戸田屋」の懐石弁当「伊勢小町」（２９８０円）を販売するといったような具合で、プチ贅沢なニーズを拾って商品開発を行った。しかし値段が高すぎたか、コロナ禍の影響も相まって、２０２１年3月に終売している。

　また、どら弁当は旅行ジャーナリストで駅弁愛好家の小林しのぶ氏の監修で製造。地域を代表する特産物・食材を使用し、５００〜１０００円程度のお手頃な価格で、ドライブ（道）と共にお手軽に楽しめる、という3つのコンセプトで一時期20種類ほどを販売していた。しかし、こちらも終売していて定着しなかった。たとえば、埼玉県の関越自動車道高坂ＳＡで東松山名物のみそだれやきとりをアレンジした「彩の国 みそだれやきとり弁当」、埼玉県の上里ＳＡで赤城山の「手作り福豚工房」と提携した「ハム職人の寿司 福寿司」などを販売していて、商品自体は面白かったが、ブレイクには至らなかった。

　高速道路のＳＡ・ＰＡでは休憩スペースを兼ねて、うどん、そば、ラーメン、カレーライス、定食類のような比較的安価な温かい食事を提供しているだけでなく、コンビニも進出しているので、安くて手軽な食事をする場所というイメージが定着している。地域を代表する弁当を開発して、弁当を目当てにした観光客を呼び込もうといった発想は良かったのだが、あえて旅情を楽しむために特別な弁当を購入しようといったニーズはなかったということなのだろう。

ふるさと代表として地元の味をアピールする駅弁大会の効果は、鉄道の駅弁のみならず、空港の空弁、高速道路の速弁にまで拡大して、全国津々浦々にまで浸透した。しかし、空弁はその存在を広く世に知らしめた「みち子がお届けする若狭の浜焼き鯖寿司」の類似商品の乱立から、ブランド自体が座礁。速弁は高速道路のＳＡ・ＰＡという場所自体が、新作のこだわり弁当販売に適していなかったのではないかという疑問が残った。

コロナ禍のニーズで広がる売り場

２０２０年２月以降、新型コロナウイルスの感染拡大による外出自粛で、京王などの駅弁大会、駅や空港での販売、「駅弁屋 祭」のような駅弁専門店での販売、崎陽軒などのデパ地下での販売が軒並み落ち込み、２０１９年の３割程度の売り上げになった駅弁業者も珍しくない。

自宅で多くの時間を過ごし、自宅にいながらモノを購入する〝巣ごもり消費〟や、公共交通機関を避けて自家用車で移動する傾向が強まり、自宅や近所で旅行や帰省の気分を満たしたいというニーズが膨らんだ。

このような消費者マインドの変化を見逃さず、スーパー業界では駅弁イベントを開催する動きが広がっている。

「おうちで旅気分」と銘打った駅弁イベント

イオンの駅弁イベントが好評

イオンでは、旅行や帰省を控えている人に少しでも旅の気分を感じてもらいたいとの趣旨で、２０２０年９月のシルバーウィークに、同社としては初の本格的な駅弁イベントを開催。東京都内などの77の店舗で、全国の駅弁や特産物２００品目を集めた。

実施の仕方としては、店内にコーナーを設けて駅弁や特産物用のケースを設置。特に人を配したわけではなく、いわゆる輸送駅弁の陳列だ。

筆者も駅弁イベント期間中にイオンを訪問したが、お昼頃では目当ての商品が購入できないほどの盛況ぶりだった。夕刻にはほぼ完売だ。商品も、西明石駅の淡路屋「ひっぱりだこ飯」、博多駅の松栄軒「うまか！博多鯛しゃぶ穴子弁当」など、実績のある駅弁業者が出品しており、購入意欲がそそられる品揃えだった。

駅弁は平均の値段が1個1000円くらいするが、スーパーでは1個200円台の弁当も珍しくない。普段売っている弁当の2～5倍も高い商品であるにもかかわらず、次々と売れていくのが実態で、駅弁のコンテンツとしての強さを改めて認識した。

イオンではいくつかの店舗で、コロナ禍に高級レストランや旅館で売れなくて余っていた、カニやマグロなどの地域名産の海産物を、割安で販売して好評を博したという成功体験を持っていた。スーパーで販売する商品にしては値段が高くても、商品にふるさとの魅力を発信するパワーがあれば売れるのだ。

このイベントの成功に気を良くしたのか、イオンではその後も、折に触れて駅弁イベントを開催している。2021年3月には、埼玉県など4県42店舗で、「食べて応援 東北のうまいもの」を開催。東北の駅弁や名産品を販売した。実施店舗では、福島県南相馬市の県立小高産業技術高等学校の高校生とイオンが共同開発した「ホッキ貝が繋げた絆弁当」も販売。これはイオンの地域創生の取り組み「イオン 心をつなぐプロジェクト」の「未来共創プログラム」の一環として、企画・開発されており、ふるさとの味を代表するホッキ貝を使ったホッキ飯、付け合わせの相馬きゅうり漬を楽しんでもらおうという趣旨だ。一種の駅弁のようなコンセプトで開発されており、興味深い試みだ。

２０２１年5月には、東海地区のイオン熱田店など5店で、「おうちで旅気分」イベントとして、全国の有名駅弁１００種類や銘菓、カップ酒などを販売。北海道・厚岸駅の「氏家のかきめし」、富山駅の「ますのすし」などが出品され、内容的にも充実していた。温泉気分も楽しんでほしいとの想いから、草津、箱根、有馬、別府など、全国21の名湯が楽しめる薬用入浴剤「名湯百景」シリーズ70品目も販売した。

「イオンフードスタイル」では、２０１３年にイオン傘下に入る前のダイエーの頃から駅弁大会を行っており、月に1度くらい週末の2日間にコーナー展開するケースが多い。

このようにイオングループでは、コロナ禍に入って、駅弁などふるさと産品の販売に熱心に取り組んでいる。

イオン以外では、イトーヨーカ堂、ユニー、サミット、関西のイズミヤ、広島を中心に中国・四国に展開するイズミのゆめタウンといった大手スーパーでも、不定期で駅弁大会を開催している。イトーヨーカ堂は店舗によって4～6日ほどの連続的な開催、イズミヤは1日のみのスポット開催が多い。サミットやゆめタウンは週末2日間の開催が基本だ。

実は歴史ある、スーパーの駅弁大会

スーパーの駅弁イベントはイオンが先行したのかと思いきや、実はユニーでは45年前の1976(昭和51)年から開催されている。京王百貨店の駅弁大会より10年遅れただけだ。その頃の駅弁は、駅で販売する以外は、百貨店で駅弁大会が開催されて催事場での実演販売と完成品の仕入販売を行っていた。大変に盛況だったので、ユニー社内でも開催したいという意向が高まった。担当バイヤーが駅弁業者を回って歩き、粘り強く商流と物流を組み立てて販売を始め、今日に至っている。

現状ユニーは、大型店「アピタ」と中・小型店「ピアゴ」の2ブランドを中心に店舗展開している。毎年9月から翌3月までを開催期間として、週末の土曜と日曜の2日間「全国有名 駅弁 空弁・名物弁当フェア」を実施している。店舗によって開催頻度が異なっていて、3ヶ月に1度開催する店舗もあれば、毎月開催する店舗もある。全店舗で駅弁大会を実施しており、ユニーの人気企画としてすっかり定着し、地域住民に支持されている。

アイテム数は店舗によって20～100と幅がある。店舗の販売会場の広さは8～40坪程度となっている。広告は新聞の折り込みチラシで告知している。取り扱っている駅弁は、北は北海道から南は鹿児島県まで全国各地のものを販売。それぞれの地方の特色ある駅弁を選定しているという。

２日間の売り上げは、小型店で60万～２２０万円、大型店で１８０万～５００万円となっており、顧客の期待値の高さが示されている。緊急事態宣言が発令されるなどで、旅行ができない状況になった２０２０年からは、コロナ前と比べて売り上げが上がっているという。

ユニーの駅弁大会ポスター

歴史あるユニーの駅弁大会だけに、売れ筋も昔からメジャーな商品ばかりだ。広報担当者によれば、荻野屋「峠の釜めし」、源「ますのすし」、いかめし阿部商店「いかめし」が人気トップ3とのことだ。多く売れる店で「峠の釜めし」は1店舗約２４０個、「ますのすし」は約２００個、「いかめし」は約70個売れている。

午前中の駅弁大会の様子

日頃のちょっとした「ごちそう」としての駅弁の需要を、ユニーのスタッフは実感している。「それぞれの地域の特徴のある駅弁を、1つの売場で選んで買うことができるのが駅弁大会の魅力。今後も継続して販売していく」(前出・広報担当)とのこと。既存の定番商品はもちろんのこと、新商品への期待も大きいようだ。

筆者が横浜市のアピタ横浜綱島店で開催された駅弁大会を訪問したところ、駅弁を買い求める顧客が後を絶たず、午後1時半過ぎには1つ残らず完売してしまった。

「峠の釜めし」は他の駅弁よりも遅れての販売だったが、店頭に並べられるや否や人だかりとなって飛ぶように売れた。1個

11時頃、工場から直送された「峠の釜めし」

1000円以上する、スーパーにしては場違いなほど高額な駅弁がみるみる売れていく様子は圧巻で、スタッフが駅弁大会ののぼりが立った会場で、ワゴンの数を1つ、2つと減らしていき、最後は1個となるという、演出の上手さ、陳列の手際良さにイベントの伝統が感じられた。

駅弁が完売した午後2時頃には、今度はうまいもん市に切り替えられ、同じスペースに全国の郷土の菓子など土産物がワゴンに並べられた。1日のうちに、1つのイベントスペースで、前半は駅弁大会、後半はうまいもん市へと衣替えする二毛作の販売を行って、効率的に売り上げを取っていたのが印象的だ。

駅弁が完売した後はうまいもん市に変身

ユニーは、東海地区を中心に関東・北陸などに展開しているスーパーであるが、中京には京王、阪神、鶴屋に匹敵するような、百貨店による有力な駅弁大会がない。その役割をユニーが果たしてきたとも言えるだろう。２０１９年には、ドンキホーテホールディングスの子会社となり、そのドンキホーテは同年にパン・パシフィック・インターナショナルホールディングス（ＰＰＩＨ）に社名を変更。なので、今のユニーはＰＰＩＨ傘下にあるが、駅弁への熱い想いは変わらずに駅弁大会開催を続けている。

地域を伝える弁当を自作するスーパーも

京急ストアは、週末を中心に連続する3日間で、時折「おうちで旅気分♪駅弁・空弁まつり」を開催している。２０２１年の３月に横浜市の能見台店など14店で行われたイベントでは、富山県・富山駅の源「ますのすし」、北海道・稚内駅のふじ田「丸ずわい蟹むき身入り弁当」など約20種類の駅弁や空弁が販売された。

唐揚げ、エビフライ、チキンステーキ、ポテトフライ、ポテトサラダ、野菜、卵焼き、ナポリタン、漬物がぎっしりと詰まっている「京急2100形電車のりだんだん弁当」

面白いのは、京急ストアオリジナルの店内手づくり弁当を用意していることだ。「鎌倉名物海老玉丼」、「愛媛名物焼豚玉子丼」といった、地方の名物を独自のレシピで出来立てで出すチャレンジを行っている。「京急２１００形電車のりだんだん弁当」も店内手づくりで、好評につき再登場した商品だ。京急2100形の電車を描いた長方形の紙箱に、のり弁が入っている。とは言ってもただののり弁ではなく、ご飯の中ほどにもう1枚ののりが挟まっている。つまり、2段重ねになったのり弁当だから「のりだんだん」。これは、京急沿線横須賀市のソウルフードだ。おかずは別の容器に入っていてボリュームたっぷりの内容。これで税抜き698円は安い。

鳥料理と釜飯の人気店、葉山鳥ぎん監修の「春の塩焼鳥重」もオリジナル弁当で、京急沿線の葉山町の味を発信するという、駅弁的な発想で開発された商品だ。単に地方の有名駅弁を並べることに留まらず、自ら京急沿線の魅力の再発見を提案しているところに、京急ストア独自の視点がある。

コストコのお得な駅弁も人気

ユニークなところでは、外資系で倉庫型のホールセーラー、コストコの店舗でもしばしば駅弁を見かける。主に地元の駅弁業者の商品を置いているケースが多く、神戸の店舗では神戸駅や西明石駅の駅弁業者である淡路屋の「ひっぱりだこ飯」などが売られている。また、名古屋の店舗では、名古屋駅の駅弁業者である松浦商店の「松阪牛食べくらべ弁当」

などが販売されている。熊本の店舗では、九州の松栄軒のくまもんのデザインが掛け紙に入った「くまもとあか牛ランチＢＯＸ」などが並ぶ。値段も、ホールセールらしくお得になっている。普段高い駅弁が少しでも安く買えるとあって、すぐに売り切れてしまうこともあるようだ。

老舗駅弁業者が続々、冷凍駅弁を販売

家で旅行気分を味わえるように、駅弁業者が強化しているのは通販、特に冷凍駅弁の通販だ。通常の駅弁なら賞味期限が１～２日だが、冷凍にすると3ヶ月程度まで延びる。購入してすぐ食べるのが普通だった駅弁だからこそ、冷凍にすることで得られるメリットは大きい。

自社サイトのほか楽天市場などの通販サイトを通じて販売されている商品もある。通販サイトのランキング上位には、北海道長万部駅のかなや「かにめし」、富山駅の源「ますのすし」などが入っている。

「かにめし」は急速冷凍と真空パックにより、冷凍弁当が完成しており、電子レンジで温

めれば香ばしい北海道の味が楽しめる。食べる時には駅弁と同じ柄のパッケージを開けて、真空パックに入った駅弁を電子レンジで加熱する。

なお、冷凍弁当では木製の折を使わない。電子レンジで温めた場合に木のにおいがご飯に移ってしまうからだ。佃煮も一緒に加熱することができないので、付いていない。

自社サイトでは1個918円だが、5個4590円などのセットもある。お中元、お歳暮のような贈り物にも人気があり、駅弁ファンが自分で食べる以外のギフト需要があるのが、人気の理由だ。

兵庫県姫路駅のまねき食品では2020年12月に「あったかおうち駅弁シリーズ」の販売を開始している。人気駅弁の「但馬牛牛めし」、「おかめ弁当」、「あなごめし」の各種6食セットを販売。これら3種が2個ずつ入った6食セットもある。まねき食品によると、姫路駅のロングセラー商品を冷凍にしたものなので地元の顧客からの購入が多く、販売以来コンスタントに出ている商品なのだという。地元を離れた家族への贈答用に購入されることも非常に多いのだとか。

同社によれば冷めてもおいしい駅弁を目指してきたが、温めてもおいしい駅弁になっているとのこと。このあたりに発想の転換が必要なことがうかがえる。

「但馬牛牛めし」

「おかめ弁当」

「あなごめし」

ところで、まねき食品の通販サイトを見ると、冷凍弁当の1番人気は2021年5月に発売した「全国旅気分」だ。これは日本各地の名物をイメージしたご当地グルメ冷凍弁当で、駅弁風の弁当ではあるが駅弁ではない。コロナ禍で外出もままならない日々に、各地のおいしい名物で旅気分を味わってほしいとの想いで開発した商品という。特に連休期間は多く売れているとのこと。連休中に旅行に行きたいけど行きにくい、という多くの人の気持ちに応える商品だったのだろう。まさにコロナ禍をビジネスチャンスに変えたヒット商品だ。

中でも全ての味が楽しめる6食セットが人気だという。その内容は左の写真のとおりだ。

北海道

「鮭ほたてめし」

東北

「ゴマだれ牛たん弁当」

北陸

「かにおこわ」

近畿

「ふるさと兵庫
神戸牛牛めし」

瀬戸内

「せとのかきめし」

九州

「明太子かしわめし」

岡山県岡山駅の老舗駅弁業者・三好野本店は、2021年4月より岡山駅の人気駅弁トップ3を冷凍で販売する「旅ごこち駅弁」を企画。「桃太郎の祭ずし」、「千屋牛《ちやぎゅう》すき焼き重」、「国産あなごと牛しぐれ煮弁当」の3品を発売した。

「桃太郎の祭ずし」は半世紀にわたるベストセラー。内容は酢飯に乗せる具材にこだわって、エビ煮、アナゴ煮、たけのこ煮、シイタケ煮、鰆の酢漬け等々、13種類が盛られている。「千屋牛すき焼き重」は岡山が誇る黒毛和牛の「千屋牛」が存分に味わえる。「国産あなごと牛しぐれ煮弁当」は国産あなごと牛しぐれ煮が一度に楽しめる贅沢さが売りだ。

第2弾として同年6月からは、「お手軽冷凍弁当シリーズ」8種を販売開始。直営店舗で販売中の駅弁の中から、できるだけメインの食材を変更することなく、買いやすい価格を追求した冷凍弁当だ。容器やパッケージは簡素化された。

商品ラインナップは、えびめし、えびめしドリア、蒜山《ひるぜん》おこわ、とりめしの4アイテムが500円。デミカツ丼600円、祭ずし700円、黒毛和牛牛めし900円、サーロインステーキ弁当1100円。駅弁のエッセンスが詰まったセカンドラインなら、十分に旅気分に浸れるだろう。ちなみに三好野本店の看板「桃太郎の祭ずし」は駅で買うと1000円するので、冷凍の祭ずしと比較すると3割引となっている。桃の形をした可愛らしい箱に入っているかどうかが大きな違いとなっている。

三好野本店によると、冷凍駅弁は2021年4月の販売開始から3カ月で約5000食を出荷し好評を博している。大半は自社サイトと楽天市場のサイトでの販売だが、地元の百貨店でも冷凍のショーケースに陳列して販売しているとのことだ。

8月からは、冷凍駅弁だけでなく、岡山名物を使用した冷凍惣菜の販売も開始している。駅弁に限らず、「郷土の味」を提供しているという点で、他の駅弁業者もまだまだやれることがあるのではと感じる。

三好野本店は、岡山の西大寺で米問屋の藤屋として1781（天明元）年に創業。1874（明治7）年に岡山市内の旅館「三好野」に進出。1891（明治24）年に山陽鉄道（現・山陽本線）が倉敷まで延伸したのを機に駅弁業に進出した。1974（昭和49）年には中国自動車道勝央SA下りでの営業を始めている。2014年には岡山駅前にオープンしたイオンモール岡山に弁当店のエデッセとスイーツ店のデッセを出店している。江戸時代に創業した長い伝統のある企業ながら、時流に合った革新を続け、今も最先端の冷凍弁当の革新を担っている。

石川県の金沢駅や加賀温泉駅で「輪島朝市弁当《わじまあさいち》」などを販売している高野商店も、

2021年7月より冷凍駅弁の販売を開始した。

高野商店は1896（明治29）年創業の老舗で、福井県南越前町の今庄《いまじょう》で旅籠「大黒屋」を営んでいたが、高野家四代目の亀之助氏が、同年に北陸本線が福井まで開通した時に今庄駅で駅弁に進出した。北陸本線で最初に駅弁を販売した調製元だ。1962（昭和37）年に石川県加賀市に弁当工場を移転し、駅弁販売も大聖寺駅に移転。さらに、1970（昭和45）年に作見駅が加賀温泉駅に改称し、特急停車駅となったので、加賀温泉駅を拠点とするようになった。

近年は北陸新幹線の開業効果で金沢を中心として石川県内に関東の観光客が増え、海外からのインバウンド観光も活性化したため、売り上げは順調に推移したが、コロナ禍に入り暗転した。そこで、旅行に行けなくても、いつでも好きな時に北陸の旅への想いを馳せてもらいたいと、冷凍弁当の開発に至った。

「輪島朝市弁当」は日本三大朝市の1つに数えられる石川県能登半島の「輪島の朝市」をイメージ。輪島朝市組合に公認された駅弁だ。

「炙りのどぐろ棒寿し」は金沢名物ののどぐろを使い炙って棒寿司にした駅弁。常温のまま4～5時間の自然解凍で、駅で買う駅弁そのもののような完成度の高い味を楽しめる。

そのほか、電子レンジで加熱して食べる「金沢カレーハンバーグドリア」や「香箱蟹の和風ドリア」もある。全部で12種類を販売しているが、ユニークなのは「北陸の居酒屋」。これは北陸の居酒屋をイメージしたちょい飲み用のおつまみセットで値段は１３００円。地酒で一杯やりたくなる、とても気の利いた商品だ。「家飲み」需要を踏まえて、他の駅弁業者にもぜひ同様のコンセプトで商品を開発してもらいたいものだ。

牡蠣飯には大ぶりなカキが乗り、ブリの角煮、サザエのいしる煮、イカとワカメの酢の物など、能登の海の幸がふんだんに詰まった「輪島朝市弁当」

脂の乗ったのどぐろと、甘くさっぱりした酢飯のハーモニーが味わえる「炙りのどぐろ棒寿し」

鴨治部煮、梅貝旨煮、鮟鱇唐揚げ、白海老唐揚げ、どじょう蒲焼きわさび菜和え、ぶり大根、出汁巻き玉子が入った「北陸の居酒屋」

この他にも、「ひっぱりだこ飯」の淡路屋、「シウマイ」の崎陽軒、「峠の釜めし」の荻野屋などといった老舗の有力駅弁業者が続々と冷凍駅弁に進出しているのは、これまで記してきたとおりだ。冷凍食品はスーパーが強化している分野でもあり、いずれスーパーなどの店頭にも冷凍駅弁が並ぶ日が来るのではないかと期待している。

Column

これから増える？　駅弁自販機

富山駅を拠点とする老舗駅弁業者の源は、2021年8月、富山インター店に駅弁の自動販売機を設置。顧客の購入機会を増やし、アフターコロナを見据えた労働時間の安定など販売員の働き方改革に繋がるよう導入された。営業終了後、早朝までの店舗が営業していない時間に稼働しており、自販機のサポートで24時間駅弁が買えるようになった。販売している商品は、看板の「ますのすし」と「ぶりのすし」。「ますのすし」以外は季節によって入れ替えていく予定だ。

コロナ禍の現在は時短営業していることもあるが、自販機の設置により顧客の便宜が向上した。

コロナ禍においては特に、非接触での購入は歓迎されるのではないだろうか。反響を見て、他の店にも拡大していくという。

駅弁は多くの人にとってプレミアムなごちそうとしての商品なので、あまりに安っぽい売り方は問題だが、冷めてもおいしいようにできている。自販機に向くはずで、業界全体に広がるかどうか注目される。

2019年12月には、JR東日本スタートアップによって、駅弁も販売する自販機が大宮駅西口イベントスペースで実証実験されたことがあった。駅弁やスイーツを販売する「ウルトラ自販機」は好評で完売する商品もあったとの報道もあり、人手不足解消の妙案とされたが、実際には普及しなかった。

コロナ禍で冷凍食品の自販機も増加している。駅弁業者各社が冷凍弁当の開発を加速させているが、ネット通販での販売だけでなく、自販機を活用するのもありではないだろうか。

駅弁が消えた駅に復活する駅弁

駅弁を駅で販売する環境の厳しさが増しているため、駅弁業者の撤退、統廃合が進んでいることはすでに記した。過疎とモータリゼーションによる、廃線や減便で駅弁が販売できなくなっているだけでなく、列車の高速化のため途中停車駅で車窓から駅弁を買う時間がなくなった。駅弁を食べる時間もなく、目的地に着くということもある。ついに、沿線の重要な拠点駅であるにもかかわらず、駅の売店に駅弁を供給する業者が消滅してしまった駅も少なからず存在する。しかし、駅弁業者が消えた駅に、新しい業者が入って駅弁が復活する動きもあるのだ。

地元の商業施設が駅弁業に参入

福島県の常磐線いわき駅は、駅弁業者がなくなってしまった駅の1つだ。いわき市は人口約33万人で福島県内最大、東北地方でも仙台市に次いで2番目に大きく、福島県浜通りの中心都市だ。その代表駅であるいわき駅は東京と仙台の中間にあって、沿線でも非常に重要な駅と言える。

常磐線は、2011年の東日本大震災とそれに伴う福島第一原発事故の影響で、一部区間で長らく不通となっていた。それが、2020年3月には9年越しの全線運転再開を果たした。特急の運行も再開されて、「ひたち」「ときわ」が走るようになり、注目度が増している。

いわき駅（旧・平駅）は1897（明治30）年の水戸～平間の開通時に開業。それと同時に、駅前で旅館を営んでいた住吉屋が調製元となって駅弁販売を開始した。しかし2005年に旅館が再開発によって立ち退きを余儀なくされ、後継者不足の問題などもあり、駅弁業も撤退。代わりに常磐線沿線にある、茨城県水戸駅の鈴木屋と芝田屋弁当部、茨城県日立駅の海華軒《かいかけん》の3社が駅弁を販売していたが、営業不振のため3社とも2007年に早々と撤退してしまった。その影響もあってか、現在3社とも拠点駅の駅弁販売をも維持できず、駅弁業者として完全に撤退してしまっている。

このように今世紀に入って不運な歴史をたどった、いわき駅の駅弁であるが、JR東日本水戸支社やJRいわき運輸区の協力を得て新たに調製元となったのが、地元商業施設の

道の駅のような施設を目指し「潮目の駅」と名乗っていて、イタリアン、ハワイアン、漁師料理などのレストランや食物産店が入っている

「小名浜美食ホテル」だ。

小名浜美食ホテルはいわき市内の小名浜港に残った倉庫街の一角を再開発した、食をテーマとした商業施設。経営するアクアマリンパークウェアハウスは、小名浜美食ホテルを運営するため2006年に創業した。2008年にオープンした初年度には約75万人を集客。施設へ出店しているのは全て地元の企業だ。隣り合う水族館の「アクアマリンふくしま」、いわき市観光物産館で海産物店やレストランがある「いわき・ら・ら・ミュウ」と並び称される人気観光スポットとなった。

しかし、2011年の東日本大震災での津波により小名浜港は壊滅的な被害を受け、小名浜美食ホテルも全壊。一から再建して、同年12月に新しい建物で再オープンした。

いわき駅のほか、いわき市内の湯本駅と泉駅でも販売している「浜街道 潮目の駅弁」

そこで、ＪＲ東日本水戸支社により、途絶えていたいわき駅の駅弁を復活させないかとアクアマリンパークウェアハウスに打診があり、駅弁参入を決意。２０１２年には全く新しく、いわきの名物を詰め合わせた「浜街道 潮目の駅弁」を発売した。いわきの郷土料理のサンマのハンバーグのようなサンマポーポー焼き、メヒカリ甘露煮、小名浜の新名物カジキメンチ、いわき産サンシャイントマトのトマトゼリー、うに飯などが入っており、一度にいわきの食の魅力を体験できる幕の内のような駅弁だ。サンマポーポー焼きは漁師料理を起源としているのに対して、カジキメンチは２０１２年に開催された海の地元グルメが集まる祭典「みなとオアシス第2回Ｓｅａ級グルメｉｎ小名浜」でグランプリを獲得した新名物だ。同社は、郷土の農林水産物を加工して付加価値を上げて販売する、六次産業化を目指している。小名浜美食ホテルはもちろん、駅弁もいわきの六次産業を発信するツールと考え、百貨店やスーパーの駅弁大会や東北物産展に積極的に出店している。

ほかにも、ウニのダシで炊いたご飯の上に、名産のウニを貝殻に乗せて焼いた「ウニ貝焼き」が乗った「うに貝焼き弁当」、いわきの名所であるスパリゾートハワイアンズにちなんだ「ロコモコ」などが入ったハワイ風の「フラべん」、小名浜港の名産カツオを使った「カツオづくし弁当」など、魅力的な駅弁がラインナップされており、駅弁ビジネスに新しい風を吹き込んでいる。

「地元、福島の食の豊かさを発信し続けていきたい」と鈴木泰弘社長。ただ、100％地産地消となるとウニの価格などが上がり、駅弁として適切な値段にならない。そこが悩むところだ。

なお、小名浜美食ホテルは2015年、神奈川県鎌倉市の鎌倉駅西口に「鎌倉美食ホテル アクアサルーテ」という、しらすや鎌倉野菜など鎌倉の産品を使ったイタリア料理店をオープンした。そういった縁もあり、2021年4月から鎌倉駅の駅弁として「江ノ電弁

しらす、鎌倉ハム、タコの酢の物などが入っている「江ノ電弁当」。豪快に鎮座する大きなウインナーも印象的

当（江ノ弁）」を土曜・日曜・祝日に販売している。

鎌倉や藤沢の名産品がおかずになっている。富士山をバックに江ノ電がさっそうと走る掛け紙のイラストは、湘南や横浜の風景を描いて人気のイラストレーター、ジュジュタケシ氏によるものだ。江ノ弁は同年１月にさいか屋藤沢店の駅弁大会に前触れもなく登場し、駅弁ファンの間ではいつ発売されるのかと話題になっていた。

ライバルが味を受け継ぐ例も

一方、常磐線水戸駅では、鈴木屋、芝田屋弁当部、太平館と3社の駅弁業者が長らくあったが、2010年までに全て撤退してしまった。東日本大震災のために経営が苦しくなったというわけではなく、その前から不振だったのだ。

2011年からは、水戸市内で北海道料理居酒屋「北のしまだ」など5店を展開する、しまだフーズが新しい調製元となった。しまだフーズは水戸駅の駅ビル「エクセル」に「お台処しまだ」という惣菜店を出店していたことから、白羽の矢が立ったのだ。2021年の京王百貨店駅弁大会にも出品した常磐線全線復旧開通記念弁当「常磐街道 味めぐり」など、10種類以上の駅弁を販売している。

ちなみに、廃業した鈴木屋の看板商品は「印籠弁当」だった。鈴木屋はこの駅弁の復活を望むファンの声に応えて、3年ほどのブランクを経て、鹿島臨海鉄道大洗駅の「お弁当の万年屋」にレシピを引き継いだ。水戸の鈴木屋か大洗の万年屋かと言われるほど、かつてライバル関係にあった間柄だったが、同格のライバルと認めていたからこそ託すことが

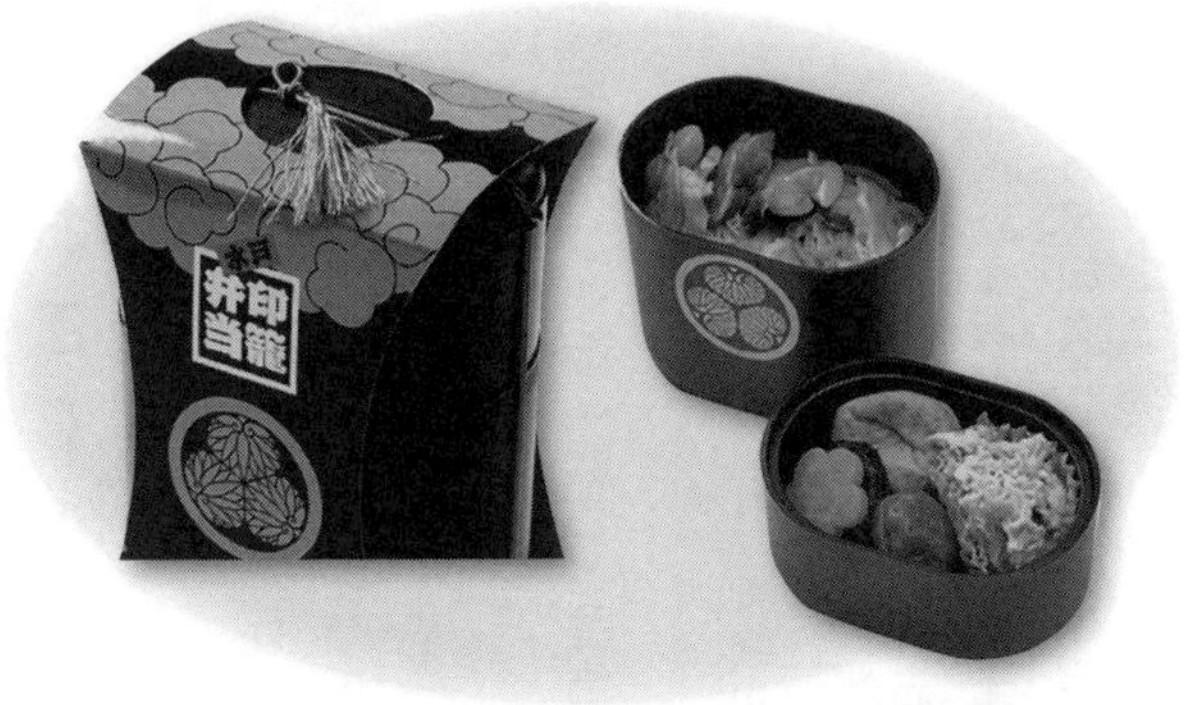

万年屋がリニューアルして販売する「水戸 印籠弁当」。茨城県産の食材を使い、青梅の甘露煮・豚肉の梅和えなど水戸にちなんだ梅をテーマにしたおかずが入っている

できたのだろう。

そのため、現在は大洗駅の駅弁として販売されているが、黄門様の印籠をデザインした重箱に茨城の食材をどっさりと詰め合わせた内容は健在。ほどなく、水戸駅にも復活した。

常磐線は福島第一原子力発電所事故からの復活のみならず、駅弁の復活でも注目される路線なのだ。

まちおこしの一翼を担う駅弁

駅弁はこれまで、郷土の味代表という価値を高めてきた。だからこそ、地域活性化・まちおこしの力強いツールとして新しく駅弁をつくり、商店街の集客やPRに利用する動きが出てきている。郷土の味代表というイメージを活用した、新たなビジネス展開だ。

飲食店がつくる「駅ごと弁当」

2021年5月15日、神奈川県横須賀市の京浜急行電鉄追浜《おっぱま》駅前のショッピングセンター前の広場で、「駅ごと弁当」の即売会が開催された。

これは三浦半島の商店街有志が「駅弁半島実行委員会」を結成し、コロナ禍で苦境に立たされた飲食店を支援し、観光を促進させようと実施されたものだ。最終的には三浦半島の京浜急行線とJR線の全駅での「駅ごと弁当」販売を目指している。

この「駅ごと弁当」の開発は、立教大学薬師丸ゼミの学生8名からの提案がきっかけで始まった。薬師丸ゼミでは、まちづくりに関する法律など観光関連法を学び、演習では地域が抱える現実の問題を素材に、論理的な思考力、対立する利害関係を調整する力などを学び、社会や人への関心を高めている。さらに、地域が抱える課題を発見し、観光政策を含むさまざまな観点から地域振興の在り方について考え、課題解決に導く力も養うことを目標としている。

学生たちの提案を受けて、２０２０年12月より追浜銀座通り商店会が中心となって「駅で売らない駅弁」プロジェクトが始まった。コロナ禍で店内飲食が忌避され、テイクアウト需要が強まる中「飲食店として今できることを」と三浦半島の各駅に駅ごとの弁当、略して〝駅弁〟をつくるべく活動するプロジェクトだ。駅周辺エリアの飲食店が、街の特色が詰まったオリジナル弁当を販売することによって、そのお店にとどまらず地域のＰＲにも繋げることを狙っている。

プロジェクト開始後、追浜駅前で開催された「ナイトバザール」の昼間の時間帯に、地元のうれしたのし屋と寿徳庵《じゅとくあん》が、各２種類の駅弁を計２００食販売するプレイベントを開催。地域に受け入れられる感触を得た。その後、横須賀市内の久里浜や衣笠《きぬがさ》などの商店街も賛同し、地元の食材をふんだんに使ったご当地感ある弁当の開発に取り組んだ。それも好評だったことから、21年5月より毎月15日の「おっぱま15の市」開催日に、弁当を一堂に集めて販売することになったのだ。掛け紙のデザインは学生たちが担当。駅のあるエリア同士が、鉄道路線だけでなく、弁当を通じて繋がることが意識されている。

久里浜商店街にて、販売前に100名弱の行列ができている様子

駅名の看板をモチーフとしてデザインされた箸袋が人気

うれしたのし屋の「さば寿司弁当」

ラインナップは、6駅12種類。追浜駅がうれしたのし屋「さば寿司弁当」、寿徳庵「追浜のりだんだん弁当」。JR衣笠駅が歌楽屋「三浦氏出陣桜弁当」、桜の木「お花見煮穴子めし」、たけめん「たけめんMAX弁当」。京急田浦駅がからあげジャンゴ「でかからあげ弁当」と「牛カツ弁当」。京急横須賀中央駅が炭火焼タイガー「焼肉屋さんののりだんだん」、猿麺「猿島弁当」。京急久里浜駅が一升屋「蛸めし弁当」、若鳥だるま「鯵づくし弁当」。京急汐入駅がカギロイ「タコライス」。それぞれ地域の飲食店が出品した。価格は800円〜1100円で、スーパーやコンビニの弁当のように決して安くはなく、駅弁の価格。

約600食を用意したが、反響は大きく完売した。横須賀のソウルフードと言われるのりだんだん、佐島が産地のタコを使った駅弁などは三浦半島らしさを前面に出している。

衣笠は衣笠山が桜の名所になっていて、衣笠商店街では毎年4月に行われる衣笠さくら祭で、戦国大名の三浦氏に扮した市民のパレード「三浦一党出陣武者行列」が行われる。20年と21年は衣笠さくら祭が中止になっており、桜の塩漬けが乗った稲荷寿司をメインに据えた「三浦氏出陣桜弁当」の提案は地元住民としても嬉しいものだっただろう。

駅弁半島実行委員会は、今後もさらに参加店を増やして、クラウドファンディングによる資金調達にもチャレンジしていくと意気込んでいる。

駅弁の持つ、地元代表として地域に活力を生む力が、「駅ごと弁当」の取り組みでも証明された。同様の取り組みが各地に広がり、地域住民が駅弁を通して地域の魅力を発信して、観光活性にも繋げていく好循環の輪が増殖していくような展開を期待したい。

新駅開業を祝う限定駅弁

秋田県秋田市に2021年3月13日に開業した、奥羽本線泉外旭川《いずみそとあさひかわ》駅は、秋田県内で20年ぶりに誕生した新駅。

秋田駅と土崎《つちざき》駅の間にあり、両駅間は7・1キロメートルと、東北地方の6県でも県庁所在地の代表駅から次の駅までの距離が一番長かった。泉外旭川駅から1・5キロメートルの近距離にイオンタウンの建設が予定されていて、サッカーJ2のブラウブリッツ秋田の新スタジアムが近隣に造られる計画もある。人口が増えている地域だ。

新駅設置は1985（昭和60）年から地域住民にリクエストされていたが、秋田市が約20億7000万円を出資して、ようやく請願《せいがん》駅としてオープンした。待ち焦がれていた新駅の開業ということもあって、駅弁で歓迎する企画が実施されたのだ。

秋田駅の駅弁業者・関根屋は、1902（明治35）年に開業した老舗だが、秋田駅などで販売する駅弁「日本海ハタハタすめし」、「秋田比内地鶏とり玉丼」、「牛肉弁当」の掛け紙を泉外旭川駅開業の特別仕様に変更して、3月13日〜21日の期間限定で販売した。駅開業に合わせて秋田駅・泉外旭川駅・土崎駅では、泉外旭川駅開業記念の入場券やタオルが販売されるなどイベントが行われたが、記念掛け紙の駅弁もその一環だった。しかも、「秋田比内地鶏とり玉丼」と「牛肉弁当」は通常秋田では販売していない商品で、まさにイベント期間中でないとなかなか味わえない幻の駅弁だった。

また、泉外旭川駅から300メートルほどと近くにある、秋田・岩手・青森3県の県境にある八幡平《はちまんたい》の、柔らかく臭みがなくて脂に旨みがあるブランド豚「八幡平ポーク」の直売所、「ディアポーク」泉店では、1ヶ月の期間限定で泉外旭川駅開業記念のカツ丼を販売した。とんかつ弁当を売りにしている店だが、駅の開業を祝って1ヶ月限定でこの時しか食べられない駅弁を販売した格好だ。

駅弁は鉄道とは切っても切れない関係にある。だからこそ、秋田県内で20年ぶりの駅の開業という大きなイベントで、関根屋とディアポークが特別仕様の駅弁を販売した。

しかし、駅の開業時のみならず、地域のさまざまなイベントに合わせて地元と協力しながら、期間限定の駅弁や掛け紙を仕掛けても良いのではないだろうか。もちろん、住民だけでなく、鉄道ファンや駅弁ファンにも喜ばれるだろう。話題になれば、地域活性にも繋がる。泉外旭川駅の開業をめぐる限定駅弁の提案は、今後の駅弁のあり方に対して極めて示唆に富むものだった。

おわりに

これまで見てきたように、駅弁が駅で売れない状況に追い込まれていく中、駅弁業者はロードサイドや高速道路のＳＡなどに出店。また、催事にも進出して、差別化のため地域の食材を使った弁当をこぞって開発。京王百貨店の駅弁大会は特に、日本人の郷土愛に巧みに訴えかける対決企画などを仕掛けて人気を博し、大会の認知度が高まるにつれて、いつしか駅弁は「郷土の味」を代表するブランドとなった。

駅で売れなくなったからこそ販路を拡大できた駅弁は、さらなる販路拡大を目指し、より生活者に近い場所にまで降りてきている。その場所こそが、スーパーだ。安くはない駅弁がスーパーの売り場で売れているのは、多くの人が駅弁に対して「非日常、旅の気分を楽しむごちそう」というような特別な認識を持っている証拠だろう。スーパーの売れ行き好調が続けば、駅弁業者が開発を進める冷凍弁当も、いずれスーパーに入っていくのではないだろうか。冷凍食品は今やスーパーのドル箱商品の１つだ。

もっとも全ての駅弁がスーパーに進出するとは限らず、他の売り場にこだわる業者もあるだろう。北九州市の折尾《おりお》駅の東筑軒《とうちくけん》のように、今でもあえて駅のホームで立ち売りを行う業者もあるのだ。一方で、外食・惣菜・仕出しなどに進出した食の総合企業のような会社もあり、鉄道の歴史と共に歩んだ駅弁業者も多様化している。

駅弁の国際化も進む。崎陽軒の台湾進出は記憶に新しい。また、パリのリヨン駅で日本の駅弁が売られた際には、現地の旅客が行列して買い求める姿も見られた。秋田県大館駅で「鶏めし」を販売する花善《はなぜん》は、パリ市内に支店を設けている。

コロナ禍で駅弁の2大需要である、旅行と催事が減退しきっている現状だが、復興は近いはずだ。駅弁はどこで買うにしても、日本の誇るべき文化であり、多くの日本人にとって懐かしい気持ちを思い起こさせる価値を備えた「郷土の味」なのだ。

最後に、駅弁ビジネスに関する執筆の機会をくださった講談社「現代ビジネス」の藤岡雅氏、本書の執筆にあたってご協力いただいた京王百貨店、駅弁業者、スーパーの方々、本書の提案をいただいた交通新聞社編集担当の小柳美織氏に謝意を表して結びとしたい。

2021年9月　　長浜　淳之介

京王百貨店駅弁大会歴代売り上げベスト5

※販売個数ランキング（一部、売上高の年あり）。第33回と第35回大会以降は実演販売のみランキング対象
※2021年の第56回大会より、いかめしは殿堂入りのためランキング除外
（いかめしは第55回大会で連続50回1位の記録を樹立）

第1回（1966年）

1　かに寿し（鳥取）
2　九尾の釜めし（黒磯）
3　えびめし弁当（新津）
4　いかめし（森）
5　うなぎ飯（浜松）

第2回（1967年）

1　いかめし（森）
2　かにめし（長万部）
3　かに寿し（鳥取）
4　峠の釜めし（横川）
5　栗めし（仙台）

第3回（1968年）

1　いかめし（森）　2　かに寿し（鳥取）　3　かにめし（長万部）
4　さけずし（新津）　5　玄海ちらし鯛すし（門司）

第4回（1969年）

1　かにめし（長万部）　2　いかめし（森）　3　かに寿し（鳥取）
4　越前かにめし（福井）　5　あわび飯（気仙沼）

第5回（1970年）

1　かにめし（長万部）　2　いかめし（森）　3　かに寿し（鳥取）
4　ますのすし（富山）　5　鍋のとりめし（門司）

第6回（1971年）

1　いかめし（森）　2　かにめし（長万部）　3　かに寿し（鳥取）
4　ますのすし（富山）　5　花笠ずし（山形）

第7回（1972年）

1　いかめし（森）　2　かにめし（長万部）　3　ますのすし（富山）
4　かに寿し（鳥取）　5　さけずし（新津）

第8回（1973年）
1　いかめし（森）　2　かにめし（長万部）　3　かに寿し（鳥取）
4　ますのすし（富山）　5　さけずし（新津）

第9回（1974年）
1　いかめし（森）　2　かにめし（長万部）　3　栗めし（仙台）
4　竹ずし（新津）　5　ますのすし（富山）

第10回（1975年）
1　いかめし（森）　2　かにめし（長万部）　3　ますのすし（富山）
4　さけの親子弁当（新津）　5　磐梯鍋めし（郡山）

第11回（1976年）
1　いかめし（森）　2　かにめし（長万部）　3　ますのすし（富山）
4　峠の釜めし（横川）　5　肉めし（神戸）

第12回（1977年）
1　いかめし（森）　2　かにめし（長万部）　3　峠の釜めし（横川）
4　ますのすし（富山）　5　栗めし（仙台）

第13回（1978年）

1 いかめし（森） 2 ますのすし（富山） 3 峠の釜めし（横川）

4 かにめし（長万部） 5 まつたけめし（一ノ関）

第14回（1979年）

1 いかめし（森） 2 峠の釜めし（横川） 3 ますのすし（富山）

4 かにめし（長万部） 5 肉めし（神戸）

第15回（1980年）

1 いかめし（森） 2 ますのすし（富山） 3 峠の釜めし（横川）

4 栗めし（仙台） 5 かにめし（長万部）

第16回（1981年）

1 いかめし（森） 2 峠の釜めし（横川） 3 ますのすし（富山）

4 だるま弁当（高崎） 5 肉めし（神戸）

第17回（1982年）

1 いかめし（森） 2 峠の釜めし（横川） 3 肉めし（神戸）

4 だるま弁当（高崎） 5 ますのすし（富山）

京王百貨店駅弁大会歴代売り上げベスト5

第18回（1983年）

1 いかめし（森）
2 峠の釜めし（横川）
3 ますのすし（富山）
4 小鯵押寿司（国府津）
5 肉めし（神戸）

第19回（1984年）

1 いかめし（森）
2 峠の釜めし（横川）
3 ますのすし（富山）
4 栗めし（仙台）
5 だるま弁当（高崎）

第20回（1985年）

1 いかめし（森）
2 峠の釜めし（横川）
3 ますのすし（富山）
4 だるま弁当（高崎）
5 肉めし（神戸）

第21回（1986年）

1 いかめし（森）
2 小鯵押寿司（国府津）
3 峠の釜めし（横川）
4 ますのすし（富山）
5 肉めし（神戸）

第22回（1987年）

1 いかめし（森）
2 峠の釜めし（横川）
3 かにめし（長万部）
4 だるま弁当（高崎）
5 肉めし（神戸）

第23回（1988年）

1　いかめし（森）　2　峠の釜めし（横川）　3　小鯵押寿司（国府津）

4　かにめし（長万部）　5　栗めし（仙台）

第24回（1989年）

1　いかめし（森）　2　峠の釜めし（横川）　3　小鯵押寿司（国府津）

4　栗めし（仙台）　5　だるま弁当（高崎）

第25回（1990年）

1　いかめし（森）　2　峠の釜めし（横川）　3　かにめし（長万部）

4　だるま弁当（高崎）　5　イクラ弁当（岩見沢）

第26回（1991年）

1　いかめし（森）　2　峠の釜めし（横川）　3　ますのすし（富山）

4　岩国角ずし（岩国）　5　かにめし（長万部）

第27回（1992年）

1　いかめし（森）　2　峠の釜めし（横川）　3　ますのすし（富山）

4　かにめし（長万部）　5　かきめし（厚岸）

京王百貨店駅弁大会歴代売り上げベスト5

第28回（1993年）

1　いかめし（森）　2　峠の釜めし（横川）　3　かきめし（厚岸）
4　いちご弁当（宮古）　5　北海手綱（小樽）

第29回（1994年）

1　いかめし（森）　2　峠の釜めし（横川）　3　いちご弁当（宮古）
4　北海手綱（小樽）　5　かにめし（長万部）

第30回（1995年）

1　いかめし（森）　2　峠の釜めし（横川）　3　北海手綱（小樽）
4　いちご弁当（宮古）　5　ますのすし（富山）

第31回（1996年）

1　いかめし（森）　2　峠の釜めし（横川）　3　かきめし（厚岸）
4　ますのすし（富山）　5　北海手綱（小樽）

第32回（1997年）

1　いかめし（森）　2　峠の釜めし（横川）　3　北海手綱（小樽）
4　ますのすし（富山）　5　肉めし（神戸）

第33回（1998年）

1　いかめし（森）　2　いちご弁当（宮古）　3　北海手綱（小樽）

4　いわしのほっかぶり寿司（釧路）　5　ますのすし（富山）

第34回（1999年）

1　いかめし（森）　2　たらば寿し（釧路）　3　越前かにめし（福井）

4　いちご弁当（宮古）　5　北海手綱（小樽）

第35回（2000年）

1　いかめし（森）　2　牛肉どまん中（米沢）　3　たらば寿し（釧路）

4　ひっぱりだこ飯（西明石）　5　帆立めし（旧渚滑線・渚滑駅）

第36回（2001年）

1　いかめし（森）　2　あなごめし（高松）　3　たらば寿し（釧路）

4　牛肉どまん中（米沢）　5　大漁市場（八戸）

第37回（2002年）

1　いかめし（森）　2　かしわめし（小倉）　3　鶏めし弁当（大館）

4　あなごめし（高松）　5　ひっぱりだこ飯（西明石）

第38回（2003年）
1 いかめし（森） 2 牛肉どまん中（米沢） 3 瀬戸の牡蠣めし（広島）
4 帆立めし（旧渚滑線・渚滑駅） 5 いちご弁当（宮古）

第39回（2004年）
1 いかめし（森） 2 牛肉どまん中（米沢） 3 たらば寿し（釧路）
4 元祖かに寿し（鳥取） 5 いちご弁当（宮古）

第40回（2005年）
1 いかめし（森） 2 摩周の豚丼（摩周） 3 牛肉どまん中（米沢）
4 氏家かきめし（厚岸） 5 たらば寿し（釧路）

第41回（2006年）
1 いかめし（森） 2 たらば寿し（釧路） 3 牛肉どまん中（米沢）
4 花咲かに弁当（根室） 5 かにめし（長万部）

第42回（2007年）
1 いかめし（森） 2 牛肉どまん中（米沢） 3 氏家かきめし（厚岸）
4 甲州かつサンド（小淵沢） 5 飛騨牛しぐれ寿司（高山）

第43回（2008年）

1　いかめし（森）　2　牛肉どまん中（米沢）　3　氏家かきめし（厚岸）
4　甲州かつサンド（小淵沢）　5　飛騨牛しぐれ寿司（高山）

第44回（2009年）

1　いかめし（森）　2　牛肉どまん中（米沢）　3　甲州かつサンド（小淵沢）
4　氏家かきめし（厚岸）　5　飛騨牛しぐれ寿司（高山）

第45回（2010年）

1　いかめし（森）　2　牛肉どまん中（米沢）　3　甲州かつサンド（小淵沢）
4　ひっぱりだこ飯（西明石）　5　氏家かきめし（厚岸）

第46回（2011年）

1　いかめし（森）　2　牛肉どまん中（米沢）
3　浜焼きホタテ海鮮ひつまぶし（新青森）　4　氏家かきめし（厚岸）
5　前沢牛ローストビーフ肉巻にぎり寿司（一ノ関）

第47回（2012年）
1　いかめし（森）　2　島根牛みそ玉丼（松江）　3　牛肉どまん中（米沢）
4　近江牛としょいめし（米原）　5　しお味・仙台みそ味牛たん弁当（仙台）

第48回（2013年）
1　いかめし（森）　2　食べくらべ四大かにめし（稚内）
3　牛肉どまん中（米沢）　4　厚切り牛たん弁当（仙台）
5　氏家かきめし（厚岸）

第49回（2014年）
1　いかめし（森）　2　牛肉どまん中（米沢）　3　たらば三昧弁当（釧路）
4　炙りあなごめし（広島）　5　氏家かきめし（厚岸）

第50回（2015年）
1　いかめし（森）　2　峠の釜めし（横川）
3　佐賀牛三昧 ステーキ&すき焼き弁当（武雄温泉）　4　牛肉どまん中（米沢）
5　氏家かきめし（厚岸）

第51回（2016年）

1　いかめし（森）　2　三味牛肉どまん中（米沢）

3　のどぐろと香箱蟹弁当（金沢）　4　氏家かきめし（厚岸）

5　佐賀牛サーロインステーキ&赤身ローストビーフ弁当（武雄温泉）

第52回（2017年）

1　いかめし（森）　2　三味牛肉どまん中（米沢）

3　佐賀牛ロースステーキ&カルビ弁当（武雄温泉）

4　金色のひっぱりだこ飯（西明石）　5　氏家かきめし（厚岸）

第53回（2018年）

1　いかめし（森）　2　牛肉どまん中（米沢）

3　うに貝焼き食べくらべ弁当（いわき）

4　熊本あか牛と鹿児島黒毛和牛の牛肉めし（出水）　5　氏家かきめし（厚岸）

第54回（2019年）

1　いかめし（森）　2　味くらべ牛肉どまん中（米沢）

3　食べくらべ四大かにめし（稚内）　4　氏家かきめし（厚岸）

5　四味穴子重（姫路）

第55回（2020年）

1　いかめし（森）　2　峠の釜めし（横川）

3　佐賀牛ザブトンステーキ・ローストビーフ・ロースすき焼き弁当（武雄温泉）

4　ビビンバ牛肉どまん中（米沢）　5　氏家かきめし（厚岸）

第56回（2021年）

1　氏家かきめし（厚岸）　2　三味牛肉どまん中（米沢）

3　越前かにすしセイコガニ盛り（福井）　4　御食国若狭 海鮮鯖づけ丼（小浜）

5　ながさき鯨カツ弁当（長崎）

長浜淳之介（ながはま じゅんのすけ）
兵庫県西宮市出身。同志社大学法学部法律学科卒業。業界紙記者、出版社編集者を経て角川春樹事務所編集者より、1997年にフリーとなる。ビジネス、飲食、流通、IT、歴史、街歩き、サブカルなど多彩な方面で執筆・編集を行っている。共著に『図解 新しいビジネスモデルの教科書』（洋泉社）、『図解 ICタグビジネスのすべて』（日本能率協会マネジメントセンター）、『バカ売れ法則大全』（SBクリエイティブ、行列研究所名義）など。Webニュース「ITmediaビジネスオンライン」にて「トレンドアンテナ」を連載。

交通新聞社新書157
なぜ駅弁がスーパーで売れるのか？
挑戦する郷土の味
（定価はカバーに表示してあります）

2021年10月15日　第1刷発行

著　者——長浜淳之介
発行人——横山裕司
発行所——株式会社　交通新聞社
https://www.kotsu.co.jp/
〒101-0062　東京都千代田区神田駿河台2-3-11
電話　東京（03）6831-6550（編集部）
東京（03）6831-6622（販売部）

印刷・製本—大日本印刷株式会社

ISBN978-4-330-05821-4